内 容 提 要

    本书主要内容包括水下生产系统工程设计技术、水下生产系统关键设备及其关键技术。工程设计技术主要介绍了水下生产系统工程设计的主要内容及总体要求。关键设备及其关键技术主要介绍了水下生产系统关键设备、国内外发展现状,以及产品研发过程的关键技术点。

    本书可为水下生产系统工程设计、水下生产系统设备研发提供参考,适合从事海洋石油工程设计的技术人员和管理人员使用,也适合从事海洋石油工程研究、水下生产系统设备研发人员参考。

海洋深水油气田开发工程技术丛书

丛书主编　　曾恒一

丛书副主编　谢　彬　李清平

水下生产系统关键技术及设备

洪　毅　郭　宏　闫嘉钰　等

著

上海科学技术出版社

图书在版编目（ＣＩＰ）数据

水下生产系统关键技术及设备 / 洪毅等著. -- 上海：
上海科学技术出版社，2021.3
（海洋深水油气田开发工程技术丛书）
ISBN 978-7-5478-5253-8

Ⅰ．①水⋯ Ⅱ．①洪⋯ Ⅲ．①海上油气田－油气开采
－综合生产系统 Ⅳ．①TE53

中国版本图书馆CIP数据核字(2021)第046393号

水下生产系统关键技术及设备
洪　毅　郭　宏　闫嘉钰　等　著

上海世纪出版(集团)有限公司
上海科学技术出版社 出版、发行
(上海钦州南路71号　邮政编码200235　www.sstp.cn)
上海雅昌艺术印刷有限公司印刷
开本787×1092　1/16　印张14.75
字数 320 千字
2021年3月第1版　2021年3月第1次印刷
ISBN 978-7-5478-5253-8/TE·5
定价：120.00 元

丛书编委会

主　编　曾恒一

副主编　谢　彬　李清平

编　委　（按姓氏笔画排序）

专 家 委 员 会

丛书序

目前,海洋能源资源已成为全球可持续发展主流能源体系的重要组成部分。海洋蕴藏了全球超过 70% 的油气资源,全球深水区最终潜在石油储量高达 1 000 亿桶,深水是世界油气的重要接替区。近 10 年来,人们新发现的探明储量在 1 亿 t 以上的油气田 70% 在海上,其中一半以上又位于深海,深水区一直是全球能源勘探的前沿区和热点区,深水油气资源成为支撑世界石油公司未来发展的新领域。

当前我国能源供需矛盾突出,原油、天然气对外依存度逐年攀升,原油对外依存度已经超过 70%,天然气的对外依存度已经超过 45%。加大油气勘探开发力度,强化油气供应保障能力,构建全面开放条件下的油气安全保障体系,成为当务之急。党的十九大报告提出"加快建设海洋强国"战略部署,实现海洋油气资源的有效开发是"加快建设海洋强国"战略目标的重要组成部分。习近平总书记在全国科技"三会"上提出"深海蕴藏着地球上远未认知和开发的宝藏,但要得到这些宝藏,就必须在深海进入、深海探测、深海开发方面掌握关键技术"。加快发展深水油气资源开发装备和技术不仅是国家能源开发的现实需求,而且是建设海洋强国的重要内容,也是维护我国领海主权的重要抓手,更是国家综合实力的象征。党的十九届五中全会指出,"坚持创新在我国现代化建设全局中的核心地位,把科技自立自强作为国家发展的战略支撑",是以习近平同志为核心的党中央把握大势、立足当前、着眼长远作出的战略布局,对于我国关键核心技术实现重大突破、促进创新能力显著提升、进入创新型国家前列具有重大意义。

我国深海油气资源主要集中在南海,而南海属于世界四大海洋油气聚集中心之一,有"第二个波斯湾"之称。南海海域水深在 500 m 以上区域约占海域总面积的 75%,已发现含油气构造 200 多个、油气田 180 多个,初步估计油气地质储量约为 230 亿~300 亿 t,约占我国油气资源总量的 1/3,同时南海深水盆地的地质条件优越,因此南海深水区油气资源开发已成为中国石油工业的必然选择,是我国油气资源接替的重要远景区。

深水油气田的开发需要深水油气开发工程装备和技术作为支撑和保障。我国海洋石油经过近 50 年的发展,海洋工程实践经验仅在 300 m 水深之内,但已经具备了 300 m 以内水深油气田的勘探、开发和生产的全套能力,在 300 m 水深的工程设计、建造、安装、运行和维护等方面与国外同步。在深水油气开发方面,我国起步较晚,与欧美发达国家还存在较大差距。当前面临的主要问题是海洋环境及地质调查数据不足,工程设计、建造和施工技术匮乏,安装资源不足,缺少工程经验,难以满足深水油气开发需求,所以迫切需要加强对海洋环境和工程地质技术、深水平台工程设计及施工技术、水下生产系统工程技术、深水流动安全保障控制技术、海底管道和立管工程设计及施工技术、新型开发装置工程技术等关键技术研究,加强对深水施工作业装备的研制。

2008 年,国家科技重大专项启动了"海洋深水油气田开发工程技术"项目研究。该项目由中海油研究总院有限责任公司牵头,联合国内海洋工程领域 48 家企业和科研院所组成了 1 200 人的产学研用一体化研发团队,围绕南海深水油气田开发工程亟待解决的六大技术方向开展技术攻关,在深水油气田开发工程设计技术、深海工程实验系统和实验模拟技术、深水工程关键装置/设备国产化、深水工程关键材料和产品国产化以及深水工程设施监测系统等方面取得标志性成果。如围绕我国南海荔湾 3-1 深水气田群、南海流花深水油田群及陵水 17-2 深水气田开发过程中遇到的关键技术问题进行攻关,针对我国深水油气田开发面临的诸多挑战问题和主要差距(缺乏自主知识产权的船型设计,核心技术和关键设备仍掌握在国外公司手中;深水关键设备全部依赖进口;同时我国海上复杂的油气藏特性以及恶劣的环境条件等),在涵盖水面、水中和海底等深水油气田开发工程关键设施、关键技术方面取得突破,构建了深水油气田开发工程设计技术体系,形成了 1 500 m 深水油气田开发工程设计能力;突破了深水工程实验技术,建成了一批深水工程实验系统,形成国内深水工程实验技术及实验体系,为深水工程技术研究、设计、设备及产品研发等提供实验手段;完成智能完井、水下多相流量计、保温输送软管、水下多相流量计等一批具有自主知识产权的深水工程装置/设备样机和产品研制,部分关键装置/设备已经得到工程应用,打破国外垄断,国产化进程取得实质性突破;智能完井系统、水下多相流量计、水下虚拟计量系统、保温输油软管等获得国际权威机构第三方认证;成功研制四类深水工程设施监测系统,并成功实施现场监测。这些研究成果成功应用于我国荔湾周边气田群、流花油田群和陵水 17-2 深水气田工程项目等南海以及国外深水油气田开发工程项目,支持了我国南海 1 500 m 深水油气田开发工程项目的自主设计和开发,引领国内深水工程技术发展,带动了我国海洋高端产品制造能力的快速发展,支撑了国家建设海洋强国发展战略。

"海洋深水油气田开发工程技术丛书"由国家科技重大专项"海洋深水油气田开发工程技术(一期)"项目组长曾恒一院士和"海洋深水油气田开发工程技术(二期、三期)"项目组长谢彬作为主编和副主编,由"深水钻完井工程技术""深水平台技术""水下生产技术""深水流动安全保障技术"和"深水海底管道和立管工程技术"5 个课题组长作为分册主编,是我国首套全面、系统反映国内深水油气田开发工程装备和高技术领域前沿研究和先进技术成果的专业图书。丛书集中体现海洋深水油气田开发工程领域自"十一五"到"十三五"国家科技重大专项研究所获得的研究成果,关键技术来源于工程项目需求,研究成果成功应用于工程项目,创新性研究成果涉及设计技术、实验技术、关键装备/设备、智能化监测等领域，是产学研用一体化研究成果的体现，契合国家海洋强国发展战略和创新驱动发展战略，对于我国自主开发利用海洋、提升海洋探测及研究应用能力、提高海洋产业综合竞争力、推进国民经济转型升级具有重要的战略意义。

中国科协副主席
中国工程院院士

丛书前言

加快我国深水油气田开发的步伐，不仅是我国石油工业自身发展的现实需要，也是全力保障国家能源安全的战略需求。中海油研究总院有限责任公司经过 30 多年的发展，特别是近 10 年，已经建成了以"奋进号""海洋石油 201"为代表的"五型六船"深水作业船队，初步具备深水油气勘探和开发的能力。国内荔湾 3 - 1 深水气田群和流花油田群的成功投产以及即将投产的陵水 17 - 2 深水气田，拉开了我国深水油气田开发的序幕。但应该看到，我国在深水油气田开发工程技术方面的研究起步较晚，深水油气田开发处于初期阶段，国外采油树最大作业水深 2 934 m，国内最大作业水深仅 1 480 m；国外浮式生产装置最大作业水深 2 895.5 m，国内最大作业水深 330 m；国外气田最长回接海底管道距离 149.7 km，国内仅 80 km；国外有各种类型的深水浮式生产设施 300 多艘，国内仅有在役 13 艘浮式生产储油卸油装置和 1 艘半潜式平台。此表明无论在深水油气田开发工程技术还是装备方面，我国均与国外领先水平存在巨大差距。

我国南海深水油气田开发面临着比其他海域更大的挑战，如海洋环境条件恶劣（内波和台风）、海底地形和工程地质条件复杂（大高差）、离岸距离远（远距离控制和供电）、油气藏特性复杂（高温、高压）、海上突发事故应急救援能力薄弱以及南海中南部油气开发远程补给问题等，均需要通过系统而深入的技术研究逐一解决。2008 年，国家科技重大专项"海洋深水油气田开发工程技术"项目启动。项目分成 3 期，共涉及 7 个方向：深水钻完井工程技术、深水平台工程技术、水下生产技术、深水流动安全保障技术、深水海底管道和立管工程技术、大型 FLNG/FDPSO 关键技术、深水半潜式起重铺管船及配套工程技术。在"十一五"期间，主要开展了深水钻完井、深水平台、水下生产系统、深水流动安全保障、深水海底管道和立管等工程核心技术攻关，建立深水工程相关的实验手段，具备深水油气田开发工程总体方案设计和概念设计能力；在"十二五"期间，持续开展深水工程核心技术研发，开展水下阀门、水下连接器、水下管汇及水下控制系统等关键设备，以及保温输送软管、湿式保温管、国产 PVDF 材料等产品国产化研发，具备深水油气田开发工程基本设计能力；在"十三五"期间，完成了深水油气田开发工程应用技术攻关，深化关键设备和产品国产化研发，建立深水油气田开发工程技术体系，基本实现了深水工程关键技术的体系化、设计技术的标准化、关键设备和产品的国产化、科研成果的工程化。

为了配合和支持国家海洋强国发展战略和创新驱动发展战略，国家科技重大专项"海洋深水油气田开发工程技术"项目组与上海科学技术出版社积极策划"海洋深水油气田开发工程技术丛书"，共6分册，由国家科技重大专项"海洋深水油气田开发工程技术(一期)"项目组长曾恒一院士和"海洋深水油气田开发工程技术(二期、三期)"项目组长谢彬作为主编和副主编，由"深水钻完井工程技术""深水平台技术""水下生产技术""深水流动安全保障技术"和"深水海底管道和立管工程技术"5个课题组长作为分册主编，由相关课题技术专家、技术骨干执笔，历时2年完成。

"海洋深水油气田开发工程技术丛书"重点介绍深水钻完井、深水平台、水下生产系统、深水流动安全保障、深水海底管道和立管等工程核心技术攻关成果，以集中体现海洋深水油气田开发工程领域自"十一五"到"十三五"国家科技重大专项研究所获得的研究成果，编写材料来源于国家科技重大专项课题研究报告、论文等，内容丰富，从整体上反映了我国海洋深水油气田开发工程领域的关键技术，但个别章节可能存在深度不够，不免会有一些局限性。另外，研究内容涉及的专业面广、专业性强，在文字编写、书面表达方面难免会有疏漏或不足之处，敬请读者批评指正。

中国工程院院士 曾恒一

致 谢 单 位

中海油研究总院有限责任公司

中海石油深海开发有限公司

中海石油(中国)有限公司湛江分公司

海洋石油工程股份有限公司

海洋石油工程(青岛)有限公司

中海油田服务股份有限公司

中海石油气电集团有限责任公司

中海油能源发展股份有限公司工程技术分公司

中海油能源发展股份有限公司管道工程分公司

湛江南海西部石油勘察设计有限公司

中国石油大学(华东)

中国石油大学(北京)

大连理工大学

上海交通大学

天津市海王星海上工程技术股份有限公司

西安交通大学

天津大学

西南石油大学

深圳市远东石油钻采工程有限公司

吴忠仪表有限责任公司

南阳二机石油装备集团股份有限公司

北京科技大学

华南理工大学

西安石油大学

中国科学院力学研究所

中国科学院海洋研究所

长江大学

中国船舶工业集团公司第七〇八研究所

大连船舶重工集团有限公司

深圳市行健自动化股份有限公司

兰州海默科技股份有限公司

中船重工第七一九研究所

浙江巨化技术中心有限公司

中船重工(昆明)灵湖科技发展有限公司

中石化集团胜利石油管理局钻井工艺研究院

浙江大学

华北电力大学

中国科学院金属研究所

西北工业大学

上海利策科技有限公司

中国船级社

宁波威瑞泰默赛多相流仪器设备有限公司

本书编委会

主　编　洪　毅

副主编　郭　宏　闫嘉钰

编　委　（按姓氏笔画排序）

马　强　尹　丰　安维峥　孙　钦　李　博

吴　露　郑利军　侯广信　郭江艳

前　言

　　石油和天然气作为现代工业的血液,是一种非常重要的能源,也是一种战略资源,同时还具有一定的金融属性。随着陆上油气资源的不断枯竭和开采成本的上升,石油工业界将目光更多地聚焦到海上油气田,现在新增的油气产量更多地来自海洋。

　　过去的几十年,海洋石油的开发从浅海大陆架不断地向深海进军,形成了欧洲北海、墨西哥湾、西非海域和巴西海域等深水油气田开发的热点地区,近年来新发现的大型油气田大部分在深海,世界上已经形成了完备的深水油气田开发技术体系和相应的高技术装备。其中水下生产系统已经成为深水油气田开发的关键技术和设备,并不断成熟和发展。截至 2019 年,应用水下生产系统开发的油气田有 350 个,水下采油树应用超过 7 000 套,作业水深世界纪录是 2 934 m,油田最远回接距离 69.8 km,气田最远回接距离 149.7 km。

　　我国南海油气资源丰富,被业界称为第二个波斯湾,逐步成为深水油气田开采的新热点。随着深水流花油田群和陵水 17 - 2 气田的开发,中国深水油气田大规模开发序幕已经拉开,不远的将来这一区域水下生产系统会得到广泛的应用。

　　本书全面介绍了水下生产系统技术及其关键设备。第 1 章为水下生产系统概述(郭宏编写);第 2 章介绍水下生产系统设计技术(安维峥编写);第 3～10 章介绍水下生产系统主要关键设备及其技术,包括水下采油树(侯广信编写)、水下控制系统(孙钦编写)、水下脐带缆(李博、闫嘉钰编写)、水下管汇(郑利军编写)、水下阀门及执行机构(闫嘉钰编写)、水下连接器(李博编写)、水下多相流量计(尹丰编写)、水下变压器(郭江艳编写);第 11 章介绍水下生产系统集成测试技术(吴露编写);第 12 章为技术展望(马强编写)。整个编写团队的成员是中国水下生产系统设计技术和设备研发的开拓者与探路者,近 10 年来他们为此付出了艰苦的努力和辛勤的汗水,为中国水下生产系统的应用奠定了基础。

　　希望本书的出版对于我国水下生产系统的应用和提高,能起到积极的促进作用。

　　由于作者的经验和水平有限,书中存在的不足之处,敬请读者批评指正。

作　者

2020 年 10 月

目 录

水下生产系统关键技术及设备

第1章　水下生产系统概述

水下生产系统作为深水油气田开发的一种重要模式,越来越受到国内外石油公司的重视。本章主要介绍了水下生产系统工程模式、水下生产系统的发展,以及水下生产系统各部分的组成。

1.1 水下生产系统工程模式

水下生产系统工程模式从外输形式上主要分为半海半陆式和全海式;从采油方式上分为湿式、干式和干湿组合式。

半海半陆式水下生产系统开发模式是指钻井、完井、原油(气)生产处理(部分处理或完全处理)均在海上平台进行,经处理后的油(气)水通过海底管道输送至陆上终端,在陆上终端进一步处理后进入储罐存储,然后通过陆地管网或外输码头销售的开发模式,典型的半海半陆式开发模式为井口平台+中心平台+海底管道+陆上终端,如图1-1所示。

全海式水下生产系统开发模式是指钻井、完井、油(气)水生产处理,以及储存和外输均在海上完成的开发模式。比较常见的开发模式有以下几种:

① 井口平台(水下井口)+中心平台+海底管道+陆上终端开发模式,如图1-2所示。

② 水下井口/水下生产系统+海底管道+陆上终端开发模式,如图1-3所示。

③ 水下井口/水下生产系统+浮式生产系统+海底管道+陆上终端开发模式,如图1-4所示。

干式采油是将采油树布置在水面甲板上,钻井、完井、原油(气)生产处理(部分处理或完全处理)在海上平台进行。其特点是作业费用相对较低。常见工程开发模式有:

① 张力腿平台(TLP)或深吃水立柱式平台(SPAR)+外输管道开发模式,如图1-5所示。

② TLP或SPAR+浮式生产储油卸油装置(FPSO)开发模式,如图1-6所示。

湿式采油则是将采油树置于海底,钻井、完井、原油(气)生产处理(部分处理或完全处理)均在水下进行。其特点是水下井口相对分散,作业费用较高。常见工程开发模式有:

① FPSO+水下井口开发模式,如图1-7所示。

② FPS(SEMI)+水下井口+外输管线开发模式,如图1-8所示。

③ 水下井口回接到浅水平台+外输管线开发模式,如图1-2所示。

图 1-1 半海半陆式开发模式

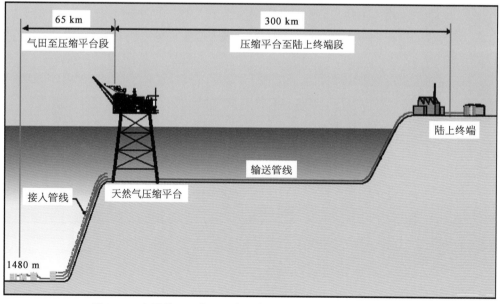

图 1-2 水下井口＋中心平台＋海底管道＋陆上终端开发模式

图 1-3　水下井口/水下生产系统＋海底管道＋陆上终端开发模式

图 1-4　水下生产系统＋浮式生产系统＋海底管道＋陆上终端开发模式

图 1 - 5　SPAR＋外输管道
开发模式

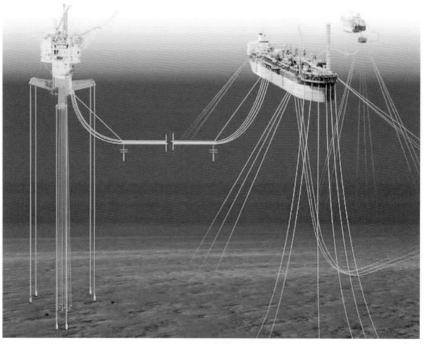

图 1 - 6　TLP＋FPSO 开发模式

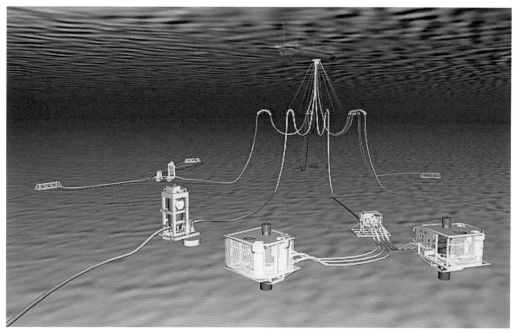

图 1 - 7　FPSO＋水下井口开发模式

图 1 - 8　FPS(SEMI)＋水下井口＋外输管线开发模式

④ 水下生产系统＋外输管线开发模式,如图 1-3 所示。

干湿组合式采油是将干式和湿式采油组合应用的开发模式。常见工程开发模式有:

① TLP(或 SPAR)＋水下井口＋外输管线开发模式,如图 1-5 所示。

② TLP(或 SPAR)＋水下井口＋FPSO 开发模式,如图 1-9 所示。

图 1-9 SPAR＋水下井口＋FPSO 开发模式

1.2 水下生产系统的发展

从陆地到海洋的变革在一个世纪前已出现,1897 年在美国加利福尼亚海岸建起了第一台钻井架,紧接着出现了海上移动式钻井设备、半潜式钻井船和动力定位钻井船等。随着应用于极端环境先进技术的发展,海上钻井向两个主要方向发展:一是钻探水深逐年变大;二是完井设备进入水下。井口头安装在海床上,称为水下完井,采用海底管道(简称"海管")及立管将石油和天然气输送到水面。最早的水下井口由半潜式钻井船在潜水员的帮助下完成,基本操作是直接将设备布置到位,然后打开阀门。当前复杂的水下完井,潜水员作业难以胜任,通常由无人遥控潜水器(remotely operated vehicle, ROV)来监视和协助操作。

经过革新,石油天然气工业将早期陆上钻机勘探及生产作业的技术应用到水下井口、海管。在油气田开发中,特别是在深水油气田开发中,水下生产系统以其显著的技术优势、可观的经济效益得到各大石油公司的广泛关注和应用。此外,水下生产系统受灾害天气影响较小,可靠性强,因此成为开采深水油气田的关键设施之一,在世界各地的深水油气田开发中得到了广泛应用。采用水下生产系统,通过水下采油树、水下管汇、脐带缆、海底管道等生产控制设备将油气就近输送到附近的固定式平台或浮式设施进行处理和外输,可显著降低开发成本,缩短建造周期,而且已在国内外海洋油气资源开采领域得到了广泛应用。

美国 1947 年首次提出“水下井口”概念,水下油气生产系统经历了由浅水开发向中深水、深水甚至超深水开发的发展阶段。由早期水下立式采油树向更便于修井的水下卧式采油树转变,以及由直接液压控制模式向响应速度更高且更适用于深水油气田开发的复合电液控制模式转变。在此期间经历了全干式潜没水下井口、半干半湿式水下井口到湿式水下井口的变化,水下油气生产与输送方式也由最初采用固定平台向深水浮式平台与水下生产系统相结合的方式转变。

在水下主要设备方面,我国水下油气生产系统技术研究起步相对较晚。随着技术的不断进步,水下生产系统装备工程技术亦取得了长足进展,其中比较有代表性的包括由早期单卫星井开发向以水下管汇为核心的丛式卫星井、集中式基盘管汇开发模式转变。长期以来,国内海上油气田所用水下装备多依赖进口,采购和维护成本高,供货周期长,极大地限制了我国海洋油气田开发事业的进展。为打破国外技术壁垒、保障我国海上油气田开发信息安全,我国加大研究力度,近年来国内水下油气生产系统装备研发与设计技术已取得显著突破,包括水下采油树、水下井口、水下管汇、水下连接器、水下阀门、水下变压器、水下多相流量计、水下脐带缆等在内的多类水下关键装备已完成工程样机的研制并通过第三方认证,为进一步的工程应用奠定了坚实基础。

1.3　水下生产系统的组成

水下生产系统,又称水下回接(subsea tie-back,SSTB)或水下系统,包括水下井口、水下处理设备、海底管道、水下控制系统等,可在没有海上结构时直接在水下井口生产油气。一个典型的水下生产系统如图 1 - 10 所示。

1) 水下井口

水下井口头是水下油井海床上的终端部分,其主要作用是支撑管套和生产管道。油管悬挂器(简称“油管挂”)在井口头上部,是生产油管的悬挂装置。在油管挂顶部安

图 1-10　水下生产系统示意图

装采油树。套管挂支撑着不同的套管,不同套管挂间的阀门控制环空压力。

随着海洋油气开发向更深的水域发展,作为采油树接口的水下井口头应能克服深水水深带来的挑战,包括疲劳、扭转、高弯矩、高温高压等。

2) 水下采油树

一个典型的浅水采油树的价格为 200 万～300 万美元,而一个深水采油树的价格为 400 万～500 万美元。

在油气开采中,采油树是阀门、管道和油井附件的装配体,因其外表类似圣诞树而得名。采油树可分为泥线采油树、立式采油树、卧式采油树等。其作用是防止油井中的流体泄漏到环境中,同时引导和控制井流。

3) 水下管汇

水下管汇是水下生产物流的汇集及中转站,其功能包括:

① 为生产管线、海管和井口之间提供接口。

② 汇集来自单个井口的生产流体。

③ 分配生产流、气体,注入化学药剂和控制液。

④ 支撑管汇接口、支线接口和脐带缆接口。

⑤ ROV 作业期间,为 ROV 提供支撑平台。

水下管汇可以按其形式分为基盘式管汇、丛式管汇、管道终端管汇等。

4）水下控制系统

水下控制系统可以控制完井、管汇、采油树、海管等上的阀门或油嘴阀。除了满足基本操作功能外，在设备及控制信号失效或其他安全隐患发生的情况下，控制系统还必须具备自动安全关断的功能。

水下控制系统由上部控制设备和水下控制设备两部分组成。上部控制设备包括主控站、液压站、电力单元等；水下控制设备包括水下控制模块、水下分配单元、水下脐带缆终端单元、阀门等。

（1）主控站

主控站（master control station，MCS）是水下控制系统的核心，它控制和监测整个系统，包括水面和水下设备。

主控站典型的功能如下：

① 搜集和处理所有的水下数据。

② 监测平台设备的操作。

③ 控制井口及管汇上的所有阀门或油嘴阀。

④ 执行关井顺序。

⑤ 监测和控制具有冗余能力的电源及通信。

⑥ 连接平台控制系统的界面。

⑦ 连接平台安全系统的界面。

⑧ 连续检查报警状态。

⑨ 报警限值的设置，仪表校准。

⑩ 配置阀门或油嘴阀的操作参数。

⑪ 显示和记录所有传感器、阀门位置的读数。

⑫ 阀门状态分析。

主控站主要的生产厂商有 TechnipFMC、Dril-Quip、OneSubsea、GE、Aker Solutions、BHGE。

（2）液压站

液压站（hydraulic power unit，HPU）主要为水下设备的操作提供高低液压源，通常液压泵由电动马达驱动，有时冗余设计采用空气传动泵。HPU 的主要组成包括液压介质储罐、泵、控制系统、液压控制阀等，其中紧急关断设备被用来关闭液压供应，进而关闭故障安全阀。液压元件全部是标准件。

除了上述设备外，平台控制设备还有化学药剂注入单元、上部脐带缆终端单元（topside umbilical termination assembly，TUTA）等。TUTA 是平台控制设备和主脐带缆的连接界面，其采用完全密封设计，类似电气接线盒，是电源、通信的汇集分配面板，同时也是与液压及化学药剂供给相关的管道、仪表、泄放阀等的汇集面板。

（3）水下控制模块

为了控制和监测水下完井系统和水下生产系统,通常水下采油树或管汇上需要设置水下控制模块(subsea control module,SCM)。在采油树上的 SCM,收到 MCS 的指令后,驱动水面控制井下安全阀、生产主阀、生产翼阀、环空主阀、环空翼阀、连通阀、生产油嘴阀、海管隔离阀、井下化学药剂注入阀、化学药剂注入阀等,并反馈这些阀门的信息。

井下、生产通道、环空通道的温度和压力数据被传感器采集,发送到 SCM,最终数据将被显示在 MCS 的屏幕上。通过电液飞线,设置在采油树上的 SCM 可以控制跨接管上的流量计和管汇上的阀门。

SCM 主要的生产厂商有 TechnipFMC、Dril-Quip、OneSubsea、GE、Aker Solutions、BHGE。

（4）水下分配单元

水下分配单元(subsea distribution unit,SDU)是液压、化学药剂、电源通信等的水下分配装置,搭起水下设备和主脐带缆的桥梁。SDU 的结构设计、测试及认证是按照标准规定的所有操作负荷进行的。其特性如下:

① ROV 或潜水员连接电液飞线。

② ROV 或潜水员操作模块和放泄阀。

③ ROV 接口符合 API 17H 标准。

④ SCM 和水下蓄能器模块(subsea accumulator module,SAM)整体化。

（5）水下脐带缆终端单元

电液复合式控制系统使多个水下控制模块的电液、通信、化学药剂实现多路复用,这种方式的优点是许多井口可以通过一根脐带缆控制,这根脐带缆的水下终端设置在水下脐带缆终端单元上。水下脐带缆终端单元通过电液飞线连接各个井口及管汇上的水下控制模块。

5）脐带缆

脐带缆是一根由多功能单元组成的水下控制系统通道,连接平台控制设备和水下控制系统,用来输送电源、通信、液压介质、化学药剂等。液体承载管道分为钢管和热塑管,被包裹在脐带缆中。电源和控制信号通常和液压放在一起,有时共用注入化学药剂,也可以单独设置化学药剂管线。

6）水下处理设施

水下处理相当于将传统的平台处理设备移到海底,能节约巨大的成本。水下处理方案直接将生产水或气注入油气藏,避免将不需要的水气输送到平台处理后再回注,提高了海管和平台处理设备的利用率。水下处理设施具有以下功能:

① 去除生产水,回注或处理后排入海中。

② 水下井产物单相或多相增压。

③ 水下砂子和固体物的隔离,出砂防治系统。

④ 水下气液分离和液体增压。

⑤ 气体压缩。

⑤ 监测、控制和仪表安全系统。

水下生产系统关键技术及设备

第2章 水下生产系统设计技术

自 1947 年美国第一次提出水下井口的概念以来,水下生产技术得到不断发展。从早期简单的水下完井井口到复杂的水下采油树、水下管汇以及水下油气处理系统,从直接液压、复合电液到全电气水下控制系统,水下生产技术在快速发展,水下生产系统正在成为经济高效地开发深水油气田和海上边际油气田的重要技术手段之一。

由于我国深水油气田开发起步较晚,自 1995 年中国海洋石油集团有限公司与阿莫科东方石油公司(Amoco Orient Petroleum Company)采用水下生产技术联合开发流花11-1 水下油田以来,已经采用水下生产系统模式相继开发了陆丰 22-1、惠州 32-5、惠州 26-1N 等水下油田,以及荔湾 3-1 气田、崖城 13-4 气田、番禺 35-1/35-2 气田、流花 19-5 气田等油气田,水下生产系统的使用为深水油气田的成功开发与自主设计积累了宝贵经验。通过上述项目的设计及实践,目前已基本具备 1 500 m 水深的水下生产系统独立设计能力,相关水下设计技术在流花 16-2 油田群和陵水 17-2 气田等深水油气田得到了充分体现。

本章主要基于水下生产系统的设计技术进行介绍,内容包括水下生产系统开发涉及的关键技术。

2.1　水下生产系统设计规范

设计工作,标准先行,标准是水下生产系统设计的基础。1975 年,水下生产系统设计基本上采用原有的石油钻采标准体系中井口和采油树相关部分,直到 1992 年,美国石油学会建立了第一套有关水下生产系统的标准体系框架,1996 年形成第一版相对完整的包括水下井口、水下采油树、控制系统、控制脐带缆、完井、修井等在内的标准体系,1999—2000 年关于水下生产系统各组成部分的系列标准 ISO 13628 第一版正式公布,目前水下生产标准正在不断修订和补充,我国已基本完成水下生产系统主要标准的采编工作。

目前有关水下生产系统的标准主要包含在 API 17、ISO 13628 中,同时挪威、巴西在应用水下生产系统的过程中根据应用经验建立了相应的标准体系,如 NORSOK 001 水下生产系统标准。

挪威水下设备是根据挪威石油管理局(Norwegian Petroleum Directorate, NPD) NORSOK 规范中的条例和要求设计的。NORSOK 标准是由挪威石油行业制定的,属于 NORSOK 计划组成部分,由挪威石油工业协会(OLF)和挪威工程行业联合会(TBL)共同发布。NORSOK 标准由挪威技术标准协会(NTS)管理实施。

以下为 NORSOK 的标准:

① 1U-DP-001《水下生产系统的设计和操作原则》。

② 2U-CR-003《水下采油树系统》。

③ 3U-CR-008《水下颜色标志》。

④ 4M-DP-001《材料选择》。

⑤ 5M-CR-001《结构钢制造》(1996年1月第2次修订)。

⑥ 6M-CR-120《结构钢材料数据表》(1994年12月第1次修订)。

⑦ 7M-CR-501《表面处理和保护涂层》(1996年1月第2次修订)。

⑧ 8M-CR-503《阴极保护》(1994年12月第1次修订)。

⑨ 9M-CR-505《腐蚀监控设计》(1994年12月第1次修订)。

⑩ 10M-CR-601《管道的焊接与检验》(1994年12月第1次修订)。

⑪ 11M-CR-621《玻璃增强塑料管道材料》(1994年12月第1次修订)。

⑫ 12M-CR-630《管道材料数据表》(1994年12月第1次修订)。

⑬ 13M-CR-650《专用器材制造商资格》(1994年12月第1次修订)。

⑭ 14M-CR-701《完井设备用材料》(1994年12月第1次修订)。

⑮ 15M-CR-702《钻柱组件》(1996年1月第1次修订)。

⑯ 16M-CR-703《套管和油管材料》(1996年1月第1次修订)。

API水下生产系统标准为API 17系列,见表2-1。

表2-1　API 17系列

标准号	标 准 名 称
API 17A	Petroleum and natural gas industries — Design and operation of subsea production systems: General requirements and recommendations 石油天然气工业水下生产系统设计与操作:一般要求和推荐做法
API 17B	Petroleum and natural gas industries — Design and operation of subsea production systems: Flexible pipe systems for subsea & marine application 石油天然气工业水下生产系统设计与操作:水下挠性管道
API 17C	Petroleum and natural gas industries — Design and operation of subsea production systems: Through flow line (TFL) systems 石油天然气工业水下生产系统设计与操作:出油管系统
API 17D	Petroleum and natural gas industries — Design and operation of subsea production systems: Subsea wellhead and tree equipment 石油天然气工业水下生产系统设计与操作:水下井口和采油树
API 17E	Petroleum and natural gas industries — Design and operation of subsea production systems: Subsea control umbilical 石油天然气工业水下生产系统设计与操作:水下控制脐带缆
API 17F	Petroleum and natural gas industries — Design and operation of subsea production systems: Subsea production control systems 石油天然气工业水下生产系统设计与操作:水下生产控制系统

(续表)

标　准　号	标　准　名　称
API 17G	Petroleum and natural gas industries — Design and operation of subsea production systems：Work over completion riser systems 石油天然气工业水下生产系统设计与操作：修井完井立管
API 17H	Petroleum and natural gas industries — Design and operation of subsea production systems：Remotely operated vehicle（ROV）interfaces on subsea production systems 石油天然气工业水下生产系统设计与操作：水下生产系统上 ROV 工作接口
API 17I	Petroleum and natural gas industries — Design and operation of subsea production systems：Installation of the control umbilical 石油天然气工业水下生产系统设计与操作：控制脐带缆安装

ISO 水下生产系统标准为 ISO 13628 系列，水下生产系统 ISO 标准基本等同采用 API 标准，如 API 17A 与 ISO 13628 - 1、API 17B 与 ISO 13628 - 2、API 17C 与 ISO 13628 - 3、API 17D 与 ISO 13628 - 4 等均为同等采用。目前我国的水下生产系统标准等同采用 ISO 13628 水下生产系统标准，标准编号为 GB/T 21412，已基本完成。

2.2　水下生产系统设计基础、原则和界面

水下油气田开发方案的设计需综合油气田类型、油气藏特点、开发方式、钻完井方式、环境条件、周边可依托设施情况、流动安全保障、海底管道、水下生产设施类型等多个专业开展系统工程研究。

2.2.1　设计基础

水下生产系统的设计涉及专业较多，既包含多专业的集成设计技术，又包含水下的专项设计技术，所需要的设计基础汇总起来主要包括以下内容。

① 水下生产系统所处海域的环境条件，主要包括：风、浪、流的数据，环境温度，所处海域的海床地貌数据，所处海域的土壤数据等。

② 油藏配产数据，主要包括：油藏的逐年产量、油品的物性组分、天然气的物性组分、地层压力温度等。

③ 钻完井数据，主要包括：开发井数、钻井中心的确定、井深、油气井测试的要求等。

④ 油田位置及回接距离。

⑤ 化学药剂的注入要求和数量。

⑥ 控制方式。

2.2.2　设计原则

水下生产系统的设计应遵循以下原则：

① 水下生产系统工程方案的设计应综合考虑油气田开发周期内各阶段的需要。

② 水下生产系统设计应满足设计标准规范和当地特殊规定，尽可能采用国际成熟技术开发。

③ 在满足功能和安全的同时，最大限度简化水下生产设施，使开采周期内的利益最大化。

④ 设计初期就需要考虑将来扩大生产的需求，如后期调整井或周边小区块的开发。

⑤ 水下生产系统设计中应考虑环境保护问题。

⑥ 水下生产系统设计中应考虑渔网、锚区、落物、浮冰等潜在风险，敏感设备应设保护装置。

⑦ 应考虑水下生产系统的安装、操作、检测、维护、维修和废弃期间的要求。

⑧ 水下生产系统设计时应充分利用周边依托设施。

⑨ 综合考虑水下生产设施与依托设施、钻完井工程的界面。

2.2.3　设计界面

水下生产系统设备多，其界面接口较多，设计界面的工作显得十分重要，这些界面和接口包括物理性接口、功能性接口和组织性接口等。同时，需要考虑以下问题：

① 安装和未来维修问题，例如潜水员通道和 ROV 工具兼容性。

② 控制系统必须与水下生产设备、钻机设备和主体生产设施进行物理性和功能性连接。

③ 钻井、完井和修井规划需要预测水下生产设备要求，钻机设备和人员需要时刻准备水下设备安装。

④ 及早计划、经常沟通和有组织综合测试都有助于避免日后出现意外而造成巨大损失。

2.3　水下生产系统关键设备及技术

水下生产系统的设计是集成设计技术和单体设计技术的结合，既包含整体集成技术能力,又需要具备单个设施的设计技术,其中还涉及部分核心关键的设计技术。水下生产系统的设计涉及专业较多,主要包括总图布置、流动安全保障、工艺、机械、仪控、电气、防腐、结构、海管结构等相关专业。整体而言,水下设计技术主要包括以下内容:

① 水下生产系统总体方案设计技术。

② 水下生产系统总体布置技术。

③ 水下管汇配管设计技术。

④ 水下工艺系统设计技术。

⑤ 水下工艺 PFD/PID 绘制。

⑥ 水下生产系统流动安全保障分析。

⑦ 水下控制系统方案设计技术。

⑧ 水下采油树总体设计技术。

⑨ 水下管汇方案设计。

⑩ 水下脐带缆方案设计。

⑪ 水下通信方案设计。

⑫ 水下计量方案设计。

⑬ 水下阀门选型设计。

⑭ 水下控制分配单元方案设计。

⑮ 水下飞缆方案设计。

⑯ 水下连接器方案设计。

⑰ 水下结构基础方案设计。

⑱ 水下结构物保护架方案设计。

⑲ 水下跨接管方案设计。

2.3.1　水下采油树

水下采油树的选型和布置是水下设计技术中比较重要的一部分。采油树的设计额定值要适合于工作条件(最大/最小温度/压力)。结合控制系统,考虑采油树上的化学药剂注入点,以及是否需要气举等问题。根据系统要求,也可将含砂监测模块以及计量装置如多相流量计等安装到采油树上。

如果采用水下采油树,需要确定水下采油树的类型:

① 常规采油树(立式)、卧式采油树。

② 生产采油树、注水/注气采油树。

③ 潜水员辅助式采油树/无潜式采油树。

④ 导向绳安装式采油树/无导向绳安装式采油树。

设计需要考虑以下内容:

① 工作温度。

② 工作压力。

③ 水深。

④ 腐蚀。

⑤ 井下接口。

⑥ 油管挂接口。

⑦ 载荷。

⑧ 安装。

2.3.2　水下管汇

水下管汇是水下生产系统的重要组成部分,是整个水下生产系统的集输中心。水下管汇是由汇管、支管、阀门、控制单元、分配单元、连接单元等组成的复杂系统,主要用于水下油气生产系统中收集生产流体或者分配注入流体,同时也兼具测井、修井、电/液分配、清管、计量、测量等功能。按水下管汇结构形式来分,主要包括三种类型:丛式管汇、基盘式管汇、管道终端管汇。

管汇设计的基本要求如下:

① 管汇应集成为一个容纳所有管道、阀门、连接和控制单元等设备的框架。

② 管汇应由管汇基底支撑。

③ 管汇系统设计应允许在不影响管汇基底或中间结构的情况下单独回收管汇。

④ 当设计管汇系统时,应当考虑安装船特性(如月池大小、月池可及性、起重能力、甲板面积和载荷能力、绞车牵引力以及补偿绞车/滑车等),而且有一个事实必须承认,回收/更换的安装船的容量可能比安装的安装船小。

⑤ 管汇系统可能针对管汇处跨接线的断开,或者回收管汇前跨接线的全部拆除进行配置。

2.3.3　水下控制系统

水下控制系统是允许远程操作水下采油树和其他水下设备(如管汇等)上的阀门,主要有三种类型可供选择。

① 直接液压系统:由直接连接到每个阀门的液压控制线组成。这种控制方式最简单,但是由于脐带缆截面尺寸的限制,它们所能控制的井数有限,油井距离依托平台较近。

② 先导液压控制系统:主要由安装于各设备上的先导驱动阀控制。液压线数量较少,通常用于油井距离依托平台较远的情况。

③ 复合电液控制系统:由液压供应线和电磁阀组成。要操作的阀门通过水下电子模块(subsea electronic module,SEM)的电信号驱动,由液压线供应液压。该系统较为复杂,但有更大的灵活性、允许更长的回接距离,可用于更复杂的油田水下生产系统。

水下生产系统的控制功能包括以下各项：

① 开启和关闭水下采油树的生产、环空和转换阀门。

② 开启和关闭水面控制井下安全阀。

③ 开启和关闭水下生产管汇输送管道阀门和清管阀。

④ 开启和关闭化学药剂注入阀。

⑤ 调整水下油嘴位置。

⑥ 监控采油树安装、管汇安装或井下仪器测量的压力、温度和其他数据。

影响控制系统设计的参数包括：

① 水深、油田位置、井数。

② 关井压力与温度。

③ 油田水下生产设施布置。

④ 回接距离，距离影响信号强度、水压损失、响应时间和成本。

⑤ 阀门控制要求、阀门数量、阀门类型、执行器类型、阀门尺寸、阀门故障位置。

⑥ 化学药剂注入要求。

⑦ 仪器要求压力或温度监控、清管球检测。

⑧ 安装和修井要求以及与安装和修井控制系统(installation and workover control system，IWOCS)的接口。

⑨ 冗余要求。

⑩ 可扩展性。

2.3.4　油气田水下布置模式要素及关键设计技术

油气田开发的目的是安全高效地开采储层油气，处理并交付市场，处置多余副产品。油气田水下生产设施的布置要综合考虑油藏分布情况、钻完井的钻井中心布置、控制系统的模式以及水下连接的方式等多种因素。整体布置既要考虑技术可行性，又要结合经济性，是涉及多专业的综合设计技术。汇总起来，主要考虑以下问题：

① 在深水中安装新基础设施极其昂贵，计划新开发时首先考虑的是应利用可能的现有基础设施，包括现有生产平台、管道，以及油井。

② 井组，集束布井或安装井口基盘有助于钻井作业和节省油管成本。

③ 优化油田内输送管道配置。

④ 必须确定和解决清管要求。

⑤ 长回接将需要使用电液生产控制，只开发几口油井，成本可能会较高。

⑥ 初始开发或未来可能需要水下生产增压(泵送)。

2.3.5　深水流动安全保障关键设计技术

随着海洋油气田开发由浅水区逐渐向深水区发展，由于深水环境与陆地环境相比更加恶劣,尤其对于在深海进行更加复杂的多相流输送,其设备和管线的流动安全面临艰巨的挑战。流动安全保障方案设计是油气田生产安全、稳定、节能降耗的关键,其设计的合理性、可行性和系统完整性是整个油气田储运方案的核心。

在油气田开发生命周期阶段,流动保障问题可能会影响系统性能,例如结垢可能导致管线内部发生腐蚀;出砂或堵塞可能损坏管线;水合物能淤塞管线,从而导致需要经常进行清管作业。应对这些问题须做详细分析,以预测问题的严重程度和影响范围,并找出需要的预防和处理措施。

油气田开发流动保障主要考虑:

① 水和油气流可能形成水合物,阻塞管线。

② 析蜡和沥青质凝结在管壁上,阻塞管线。

③ 流体内腐蚀性成分(即 CO_2 和 H_2S)和水一起,在一定压力和温度条件下会引起腐蚀问题。

④ 随着生产油气流压力、温度沿着管线输送发生变化和/或有不相容的掺水,可能会形成结垢,沉淀在管线内,阻塞流量。管线和油井内部可能会形成堵塞,导致下游处理设施出现问题。

⑤ 可操作性分析(如清管、关井、重启井和降压)。

合理有效的流动保障方案设计,考虑的因素包括:

① 储层特征和生产剖面。

② 采出流体的性质和状态。

③ 油气田作业方式。

④ 管线直径(设备流动环路、跨接管和管线)。

⑤ 最大和最小产量。

⑥ 最大和最小油管头压力和温度。

⑦ 保温(油管、井口、采油树和管汇)。

⑧ 化学药剂相容性的研究、化学药剂注入和储存要求。

⑨ 依托平台要求(清管、流体储存和处理、干预能力、生产油气接收装置)。

⑩ 总资本支出费用和运营费用。

⑪ 未来开发方案。

第3章 水下采油树

水下采油树作为水下生产系统的核心设备，为井口装置、跨接管、管汇等设备提供可靠的连接界面。其主要功能是对生产的油气或注入储层的水/气进行流量控制，并和水下井口系统一起构成井下储层与环境之间的压力屏障。

水下采油树经历了干式、干/湿式、沉箱式和湿式四个发展阶段。目前国内外油气田水下生产系统开发项目普遍采用水下湿式采油树进行开发和生产。按其生产主阀的安装位置可分为立式采油树和卧式采油树。水下采油树是各种部件组成的复杂系统，不同供货商的采油树结构也有所不同，通常由采油树导向支架/导向结构、树体、阀组、油嘴、油管挂、采油树帽、出油管道、井口连接器、出油管线连接系统、水下控制模块及监控仪表等主要组件组成。水下采油树通常包括3 000多个零部件，集成度高，可靠性要求高，其设计、制造和测试关键技术包括系统集成设计技术、高压高温密封技术、水下采油树控制技术、水下采油树关键零部件制造技术、水下采油树防腐技术、水下采油树测试与认证技术、水下采油树安装与下放技术等。如图3-1所示为深水水下采油树。

目前水下采油树主要由少数国外厂家供货。我国自1996年流花11-1油田国内第一次应用水下生产技术进行油气田开发以来，至今中国海油已有11个油气田应用水下

图3-1 水下采油树

生产系统,已投产应用 64 套水下采油树,均采用进口产品。依托科技部、发改委、工信部等科研项目,结合企业自主研发项目,国内企业针对水下采油树开展了国产化研制,进行了样机的制造与测试,但是尚未实现产业化应用。

本章主要对水下采油树常用类型、主要部件及功能、设计关键技术、制造关键技术和测试关键技术内容进行详细描述。

3.1 水下采油树常用类型

水下采油树是水下油气开发的核心设备,自 20 世纪 60 年代开始应用水下采油树以来,水下采油树经历了干式、干/湿式、沉箱式和湿式四个发展阶段。目前国内外水下生产项目普遍采用湿式采油树进行开发和生产。

3.1.1 按发展历程分类

1)水下干式采油树

水下干式采油树是最早应用的一种采油树,它是将采油树放置在一个封闭的常压常温舱中,采油树的树体不与海水直接接触。当采油树需要进行操作和维修时,打开位于密闭舱室上方的通道,工作人员进入其中进行维修、操作等。水下干式采油树及配套系统密封要求高,配套系统复杂,维修空间小,维修风险较大,造价也较高,因此目前已很少采用。

2)水下干/湿式采油树

水下干/湿式采油树是在水下干式采油树基础上发展出来的第二代水下采油树,其特点在于可以实现采油树的干湿状态转换。当正常生产时,水下采油树呈湿式状态;当需要进行维修和操作时,服务舱与水下采油树连接,密封完成后排空海水,将其变成常温常压的密闭空间,维修人员进入服务舱进行采油树的操作或维修等作业。水下干/湿式采油树进行干湿状态转换时,需要专门的转换接口,系统较为复杂,密封要求较高,且操作复杂。

3)水下沉箱式采油树

水下沉箱式采油树是把整个采油树包括采油树树体、水下井口头、连接器等放置在泥线以下的沉箱中。因此,在整个施工前需要先进行挖泥作业,为沉箱提供足够的空间。水下沉箱式采油树的优点在于可以减少外界的干扰破坏,包括渔业作业、通航等带来的影响,也不再需要采油树保护结构。其缺点在于,沉箱的预制、挖泥和回填、安装和后期的维修作业等费用较一般湿式采油树高昂。目前,水下沉箱式采油树在北海冰区有应用,在受通航影响较大的区域有一定的应用前景。

4) 水下湿式采油树

水下湿式采油树作为目前国内外最为普遍采用的一种采油树类型,其完全暴露在海水中,结构形式简单,组成及功能与其他采油树相同,安装及更换方便。水深较浅时可以由潜水员进行操作和维修作业,在潜水员无法到达的水深时可以采用电、液等控制方式对采油树进行远程操控。其应用水深可达上千米,相对于其他类型的采油树优势明显。

3.1.2　按阀门结构分类

按照生产主阀和生产翼阀的布置方式可分为立式采油树和卧式采油树两种,如图 3‐2 所示。

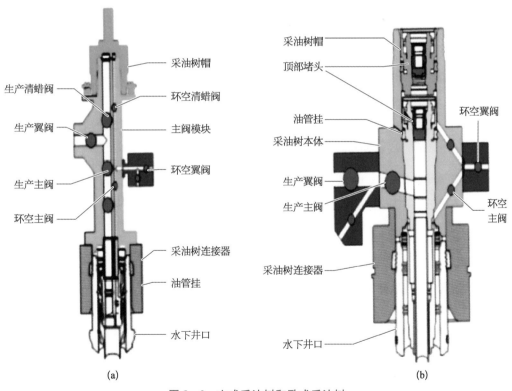

图 3‐2　立式采油树和卧式采油树

(a) 立式采油树;(b) 卧式采油树

1) 水下立式采油树

水下立式采油树油管内主要阀门即生产主阀和井下安全阀安装在一条垂直线上,

生产主阀和生产翼阀垂直排列。水下立式采油树油管挂安装在水下高压井口头内部，即需要先安装油管挂再进行采油树的安装。与卧式采油树相比，立式采油树采用两个主阀作为垂直通道与外部隔离的屏障，可以直接进行故障立式采油树的回收，无须取出油管挂。修井作业时，需要先回收立式采油树，取出油管挂后再进行修井作业，因此不适合有频繁修井需求及后期侧钻需求的井。

2）水下卧式采油树

水下卧式采油树油管内主要阀门即生产主阀和井下安全阀垂直排列，生产主阀和生产翼阀水平排列，均在采油树外侧水平方向。水下卧式采油树油管挂安装在采油树树体内，采油树上部设计可保证防喷器能够下放到采油树上。修井时不需要将采油树回收，直接取出油管挂进行修井作业，因此适合后期有频繁修井需求及后期侧钻需求的井。在钻完井作业期间，采油树安装到水下井口头之后，安装防喷器至采油树上方。之后钻穿水泥塞进行后续钻完井作业。在完井并安装油管挂后，需要下放采油树帽并暂时封井，最后进行防喷器的回收。整个钻完井过程中，需要两次起下防喷器。

水下采油树知名供应商，如 TechnipFMC、OneSubsea、Baker Hughes、Aker Solutions、Dril‐Quip 等拥有各自不同特点的卧式采油树，但从总体结构上又可分为下列四种典型结构形式。

（1）常规卧式采油树

常规卧式采油树即防喷器安装于卧式采油树上方，油管挂坐放在采油树树体内部的坐放台肩上。其特点是回收采油树要先进行油管挂的回收，再进行采油树的回收工作，如图 3‐3a 所示。

（2）加强型采油树

加强型采油树与常规卧式采油树的区别在于，加强型采油树取消了内树帽，采用两个阻塞器放置在油管挂顶部，构成双层垂直通道隔离屏障，优化了环空与垂直通路的结构，减少了整个采油树的安装时间，如图 3‐3b 所示。

（3）通钻卧式采油树

通钻卧式采油树与常规卧式采油树的区别在于，通钻卧式采油树在安装高压井口头后，直接安装采油树进行后续的钻井和完井作业，最后将油管挂坐放在水下井口头系统内。因此，通钻卧式采油树可以独立于油管挂进行回收作业，同样油管挂也可以单独于采油树进行回收作业。其优点在于可以减少防喷器的下入和回收次数，减少安装船的移船次数；其缺点在于需要采用小口径井口，进行小井眼钻井立管和小井眼套管柱设计。

（4）复合型水下采油树

复合型水下采油树包含一个含有井口连接器和隔离阀组件的油管四通，卧式采油树油管挂安装在油管四通内部，采油树树体安装在油管四通上部。因此，油管挂与采油

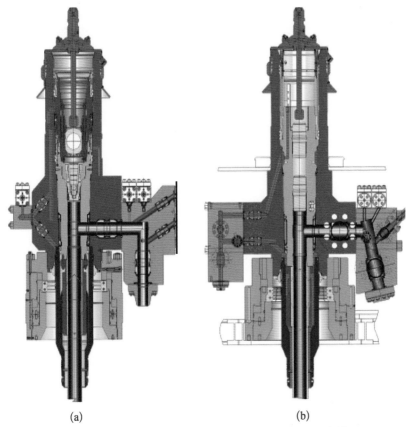

(a)　　　　　　　　　　　(b)

图 3 - 3　TechnipFMC 常规卧式采油树和加强型采油树

(a) 常规卧式采油树；(b) 加强型采油树

树彼此独立,两者可以单独回收,兼顾卧式采油树和立式采油树的优点,在安装顺序上有较大的灵活度,在修井作业中具有较大的操作空间。

3.2　水下采油树主要部件及功能

根据水下采油树功能要求,采油树形式也有所不同,但总体上主要组成可分为下述部分。

1) 水下采油树树体

水下采油树树体是采用承压式设计、带有生产通路的重型锻件,环空通路也可设在采油树树体内。通常,将生产主阀阀块、环空主阀阀块和环空进入阀阀块集成在采油树树体上。一般树体还预留有液压穿越及电力穿越的通路,进行水面控制井下安全阀和内部控制隔离阀的操作等,如图 3-4 所示。

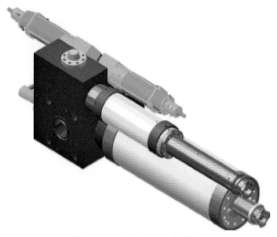

图 3-4　OneSubsea 的阀组

2) 水下采油树连接器

水下采油树连接器用于采油树树体和水下井口头的连接,起到连接生产通路、隔离外界海水的作用。一般情况下,水下采油树连接器需要专门的采油树安装工具(tree running tool,TRT)进行操作,并带有锁紧指示器。浅水采油树连接器可由潜水员安装,深水采油树连接器需要采用 ROV 进行远程操作安装。

3) 采油树阀组及 ROV 操作面板

采油树上的阀门主要包括生产主阀、生产翼阀、环空主阀、环空翼阀、环空进入阀、转换阀、化学药剂注入阀和生产隔离阀等,其驱动形式分为机械、液压和电驱动三种。针对浅水区域,采用较多的是潜水员手动操作的机械阀门。对于深水区域,采用较多的是基于复合电液控制的操作方式。目前,国内外工程项目应用较多的深水开发模式是基于复合电液的控制模式,该控制模式采油树需要配置 ROV 操作面板。

4) 采油树对接接头和密封接头

采油树对接接头和密封接头用于井下安全阀控制、井下化学药剂注入、电力穿越,以及井下隔离阀等对接和密封。图 3-5 所示为采油树穿越接头。

5) 密封短接

密封短接安装在采油树树体的下部与水下井口头之间,用于隔离采油树内部流体与海水。

图 3-5 采油树穿越接头

6）采油树延伸短接

采油树延伸短接用于连接油管挂和采油树、油管与环空、井下安全阀控制线和井下监测设备。

7）采油树出油管线连接系统

采油树出油管线连接系统用于将水下出油管线连接到水下采油树上，由出油管线连接装置和出油管线连接支架组成。

8）采油树帽

采油树帽分为内树帽和外树帽。外树帽用于保护采油树上部连接部位及采油树本体，防止连接区域及密封区域海洋生物附着。内树帽一般安装于采油树生产主通道内，起到隔离生产流体与海水的作用。

9）采油树导向基座

采油树导向基座是固定在海底的成橇设备橇底座，由一个结构框架和基座组成，为不同的水下设备提供支撑。它一般在采油树安装过程中起到导向作用，便于采油树的安装定位，防止与井口头发生碰撞。

10）采油树保护结构

采油树保护结构的作用是防止采油树受到渔网拖挂和落物破坏。采油树保护结构一般分为渔网滑过型保护结构、渔网友好型保护结构和防落物保护结构等类型。对于水深较浅的开发项目，采用较多的是渔网友好型保护结构。对于水深较深的开发项目，一般采用防落物保护结构即可。

11）采油树系统作业工具

采油树的安装和维护是一个系统性工程。在采油树的安装过程中，涉及多种采油树安装工具。安装工具的作用是保证采油树安装、回收及修井作业的顺利实施，如图 3-6 所示。

图 3-6　采油树系统作业工具

（a）采油树机械解脱工具；（b）油管挂备用锁紧回收工具；（c）油管挂备用锁紧安装工具；（d）采油树安装工具（顶部带防反转工具）

3.3　设计关键技术

水下采油树为井口装置、跨接管、管汇等设备提供可靠的连接界面。水下采油树涉及多学科技术和内容，在设计过程中需多专业从系统角度进行集成设计，具体内容包括钻完井界面设计、工艺系统设计、机械设计、仪控设计、管道设计、材料防腐设计、结构设计、ROV界面设计、控制系统及界面设计等。

1）水下采油树系统设计

水下采油树系统设计需统筹考虑油藏和钻完井设计需求，并结合环境条件等确定水下采油树总体设计方案。主要内容有：

① 确定油藏设计基础，包括产量、组分、压力和温度、实施要求等。

② 确定钻完井设计基础，包括钻完井程序、井口压力温度、关井压力、安装资源、修井情况、是否侧钻、井口头界面参数、化学药剂注入要求等。

③ 确定环境条件参数，包括水深、海水温度、风浪流参数、土壤条件等。

④ 确定整体工艺系统设计、机械结构设计、控制系统设计、材料防腐设计等。

基于上述设计基础,确定水下采油树功能要求、类型等,包括性能要求、产品规范等级、压力等级、温度等级、材料等级等。

2) 水下采油树工艺系统和管道设计

水下采油树工艺系统设计首先需确定采油树出油管线尺寸,结合与水下采油树相关的流动安全保障分析,根据采油树功能绘制工艺流程图。水下采油树工艺流程图是水下采油树工艺设计、机械设计、仪表设计、管道设计、结构设计等的集中体现,需从系统角度统筹考虑。

3) 水下采油树机械设计

水下采油树机械设计需确定水下采油树水下连接器功能要求和类型、各类可回收设备接口参数、水下采油树 ROV 操作界面、油管挂穿越等,其中重要工作是开展水下控制液压分析,确定水下控制模块内液压控制参数。

4) 水下采油树仪控设计

水下采油树仪控设计主要确定水下采油树控制方式,并确定水下控制模块、各类传感器、阀门、水下计量仪表、油嘴等具体设计要求。

5) 材料防腐设计

水下采油树存在内部和外部腐蚀风险,内部腐蚀是由于接触井流物如 H_2S、CO_2 等,外部腐蚀主要是海水腐蚀。由于水下采油树设计寿命通常比较长,而且所处环境的腐蚀性比较强,对于内部关键过流部件一般堆焊抗腐蚀合金,对于外部部件则采用保护涂层,同时按照规定进行水下采油树阴极保护系统设计。

6) 密封系统设计

水下采油树主要密封部位有水下采油树树体与井口连接器处密封、油管挂出油口上下密封、油管挂内部上下堵塞器密封等,可靠的密封是水下采油树系统安全生产的关键。同时,水下采油树不仅需要承受高压,还需要具有很长的使用寿命,对其密封有更高的要求。一般关键部位采用金属对金属密封结构,满足水下采油树高压、长寿命等性能要求。

3.4　制造关键技术

水下采油树制造涉及热处理、大型关键精密件机械加工、表面涂装防腐体系等关键工序。一般需要水下采油树制造企业拥有完善的科研、生产设施,拥有粗加工车间、热处理车间、精加工车间、焊接及试验车间等,主要使用的设备有数控加工中心、卧式加工中心、立式加工中心、数控车床、高精度平面磨床、等离子焊接机、内腔堆焊机、数控弯管机、磁粉探伤机、低温冲击试验机、环境试验设备、压力测试平台等多种制造加工和检验测试设备。同时根据加工要求,需特殊工装夹具、专用刀具和量具等。主要关键技术如下:

1)大型锻件锻造与热处理加工工艺技术

涉及采油树树体和生产模块本体大型锻件加工技术、厚壁零件热处理技术、镍基特殊材料热处理技术。

2)高精度机械加工技术

涉及高精度机械加工技术、内孔机械加工技术等。

3)防腐处理工艺技术

涉及水下采油树防海水腐蚀技术、内表面防腐处理技术、耐蚀合金堆焊技术。

3.5 测试关键技术

1)性能验证

所有的水下采油树和油管挂系统的部件和工具,如未经实际或模拟工况进行证明,需参照 API 17D/ISO 13628 - 4 相应 PSL 及 PR 等级,API 6A/ISO 10423 相应 PSL 及 PR 等级、附录 F,以及公司规范进行验证。所有部件的验证和测试对应特定的程序。设计、验证程序、验证结果、测试程序和测试结果要提交公司批准。以前验证过的设备如果用于新的或重大的不同用途时也要进行验证。

阀门和连接器验证同样要满足 API 17D/ISO 13628 - 4 中 PSL3G、PR - 2 等级要求,和 API 6A/ISO 10423 中 PSL3G 等级要求。

材料验证要满足标准和厂商其他要求,保证材料的性能。制造商要进行超过规范要求的 PR2 循环测试,连接器要在数据表所规定的名义工作压力、温度及载荷下进行疲劳寿命测试。

性能验证中要能够证明阀门超控或连接器操作过程中任何密封和操作不会造成损伤。

采用这些性能验证程序来鉴定设备的原始设备(首套产品)或装置。如果产品设计在配合、形式、功能或材料方面有任何更改,制造商应将对产品性能产生影响的相应更改形成文件。有实质性更改的设计应视为一种新设计,要求重新试验。实质性更改是指在预期运行条件下影响产品性能的更改。实质性更改被认为是会影响产品或预期使用性能的对以前鉴定的构型或材料选择的任何更改。设计的实质性更改应予以记录，制造商应有充分理由证明是否需要重新鉴定，包括配合、形式、功能或材料方面的更改。如果新材料的适用性可用其他方法证实，那么材料的更改可不必重新试验。

性能试验主要包括以下几项：

(1) 静水压循环试验

静水压(或气压，如适用)循环试验用于模拟设备在现场长期作业时反复承受启动和关断压力。静水压循环试验时，在达到规定的压力循环数之前，设备应交替地加压到满额定工作压力，然后泄压。每一个压力循环均不要求保压期。在静水压循环试验之前和之后，应进行标准静水压(或气压，如适用)试验。

(2) 载荷试验

制造厂商符合本部分设备的额定承载能力，应通过性能验证试验、FEA 或典型的工程分析予以验证。如果试验用来验证设计，那么设备在试验时，在满足其他任何性能要求的条件下，至少应加载表中的要求到额定能力而不变形。如果是工程分析，则应采用符合形成文件的工业做法的技术和程序进行分析。

主要需要进行载荷试验的装置为油管挂、控压件和常压主构件。

(3) 温度循环试验

在额定工作压力载荷下，应对设备进行试验温度不低于额定工作温度级别范围的鉴定试验。应对设备反复进行温度循环试验，以模拟其在现场长期作业中会出现的启动和关闭温度循环。进行温度循环试验时，交替地加热并冷却到其额定工作温度类别的温度上极限和温度下极限。在温度循环期间，设备应在温度极限施加额定工作压力而无超过标准验收准则的泄漏。若取代试验，制造商应提供符合形成文件的工业做法的其他客观证据，证实设备将满足温度循环的性能要求。

(4) 使用寿命/耐久性试验

进行压力和温度循环试验，满足规定的次数。

2) 部件工厂验收测试

所有采油树中的部件要进行工厂验收测试(factory acceptance test，FAT)，FAT 用以验证各个部件满足标准中强度和功能的特定要求。提升设备要进行无损载荷测试，至少满足 DNV 2.7‑1 的要求。

FAT 至少要满足以下要求：

① 所有测试结果要经过第三方检测的认证。

② 测试开始之前所有线路要验证。

③ 对已批准程序进行的任何修改要经过公司工程师的复审和检查。

④ 使用正确的测试设备避免损伤和污染。

⑤ 所有压力仪表要具有有效的校准证书，压力测量结果要在测量范围的 25%～75%，准确度±0.5%。

对已完成的部件和子系统的测试要在主要制造地进行。所有要应用的部件、总装和安装工具要与相关的系统进行 FAT。

3）水下采油树总成工厂验收测试

水下采油树静水压测试、气压测试和通径测试按照 API 6A/ISO 10423 相应 PSL 等级的要求进行。

压力测试包括：

① 静水压本体测试。

② 装配体泄漏测试——静水压和气压测试。

③ 阀门密封测试——静水压和气压测试。

④ 所有阀门要进行关闭-密封测试-打开循环操作 5 次。

阀门密封测试包括：

① 上游和下游工作压力静水压测试。

② 上游和下游工作压力气压测试。

③ 上游和下游低压气体测试。

除以上 FAT 的一般要求之外，对采油树的阀门要进行以下测试：

① 通径测试（FAT 前后）。

② 无内压阀杆外压密封测试。

③ ROV 执行操作扭矩测试。

④ 所有通径测试要使用尼龙通径，不可使用金属通径材料。

水下采油树总装的 FAT 包括：

① 尺寸检查。

② 冲洗。

③ 仪器/适配检查。

④ 控制线路连通测试。

⑤ 电连通测试。

⑥ 称重。

作为 FAT 或扩展工厂验收测试（expend factory acceptance test，EFAT）的一部分，SCM 要固定在采油树上，利用 SCM 操作阀门。在此测试中，要记录所有阀门的流量和响应时间。压力和温度传感器要通过 SCM 验证。SCM 测试要包括模拟各种关断/紧急关断情况。

作为 FAT 或 EFAT 的一部分，井口和采油树连接器超控系统要进行验证。

阀门、节流阀、化学药剂计量阀、传感器、流量计、连接器和 SCM 等在装入采油树之前，应作为单独部件进行 FAT。

4）扩展工厂验收测试

水下采油树系统应当完成 EFAT，交付的组件进行系统集成证明。

采油树系统 EFAT 应当包括：

① 水下采油树系统所有组件的装配/堆叠。

② SCM 应当安装在树体上，且所有驱动阀门要使用 SCM 的操作（如 FAT 未进行该项测试）。

③ 压力和温度传感器应通过 SCM 验证（如 FAT 未进行该项测试）。

④ 油管挂已安装在水下采油树上，通过 SCM 进行井下液压管线通信/通路测试。

⑤ 油管挂已安装在水下采油树上，通过 SCM 进行井下电缆线的通信/通路测试。

⑥ 采油树系统所有下放工具和应急下放/拆卸工具的接口检查。

⑦ 通过插入面板或电力接头，进行液压和电力连通性检查。

真实的下放和测试工具应与采油树总装一起进行接口测试，这应当包括为项目提供的备用件。

5）水下采油树系统集成测试

完成 FAT 和 EFAT 测试后，应进行系统集成测试（system integration testing，SIT）以验证所有的外部接口。作为 SIT 的部分，下列功能和接口测试为最低要求，在 SIT 范围内可提出额外的测试作为选项：

① 采油树和测试桩接口。

② 采油树总装和 SCM 与采油树 IWOCS 系统的接口。通过 IWOCS 系统循环操作所有阀门，确认 SCM 与采油树传感器的通信，应当记录测试过程中所有阀门的流量和响应时间。

③ 使用连接器的连接工具，采油树与出油管线连接。

④ 使用水下工具包验证水下采油树与飞线、乙二醇管线连接。

⑤ 验证采油树上所有 ROV 操作阀门和超控阀门的 ROV（或虚拟 ROV）可操作性。

⑥ 验证采油树上所有可回收设备 ROV（或虚拟 ROV）和工具的可操作性。

⑦ 油管挂、油管挂下放工具和下入管柱接口。

⑧ 油管挂、油管挂下放工具、下入管柱与采油树接口。

⑨ 通过下入管柱，使用钢丝绳起下工具下放阻塞器到油管挂。

⑩ 外部采油树保护帽与采油树的接口。

⑪ SCM、下放/回收工具与采油树的接口。

还需证明水下采油树与防喷器的接口，可以利用虚拟防喷器框架连接到采油树上或其他方式实现。

承包商要确保 SIT 测试涉及控制系统时有相应技术专家在场。

应检查所有试验口返回到有试验隔离阀的普通管路是否良好。为了将设备导向在试验桩上，至少应提供两个模拟导柱。

6）浅水测试

在浅水中主要开展水下采油树安装、回收，各模块安装、回收及再下入安装，控制功能调试,ROV操控等试验研究。用于验证水下采油树样机的各项控制功能和可靠性,确保达到考核的技术指标。

7)现场验收测试和装船、安装前测试

具体水下采油树项目执行过程中,还包括现场验收测试(site acceptance test, SAT)、装船前测试(pre-load out test)以及安装前测试(pre-deployment test)。

8)测试设备

为满足水下采油树的测试要求,使用的主要测试设备有载荷试验设备、密封试验设备、高低温性能试验设备、载荷试验设备、高压舱试验设备、气压试验系统、水压试验系统、高压直流电源、模拟信号源、测试用液压动力单元、水下控制模块测试台、清洁度检测仪、高压舱、插拔试验机、振动试验台等。

第 4 章　水下控制系统

水下控制系统是水下生产系统的关键部分,主要用来控制水下管汇和采油树等水下设施,并采集水下设施的温度、压力、流量等数据。在出现紧急情况时,水下控制系统可自动将生产切换至安全状态。

20世纪70年代初期,水下设施是通过潜水员来操作的,但随着水下生产技术的不断发展,已逐步发展为自动控制,包括直接液压系统、先导液压系统、顺序液压系统、硬线先导电液系统、复合电液系统、全电控制系统等水下控制系统。水下控制系统国际上主流的生产厂家有 OneSubsea、TechnipFMC、Aker Solutions、Bake Hughes。相比国外,国内水下控制系统起步较晚,在"十二五"期间开展了原理样机的研制,经过"十三五"期间的攻关,完成了工程样机研制。

本章首先介绍常见水下控制系统的类型,接着阐述各种类型控制系统的组成和功能,最后分析和总结了水下控制系统的关键技术。

4.1 水下控制系统类型

水下控制系统主要有直接液压系统、先导液压系统、顺序液压系统、硬线先导电液系统、复合电液系统、全电控制系统等类型。

4.1.1 直接液压系统

直接液压系统是最简单成熟的控制系统,它的液压站和井口控制盘全部位于平台上,液压动力通过脐带缆传输到水下采油树或管汇阀门的执行器上,每个执行器由单独的液压线供给液压动力,如图4-1所示。

直接液压系统具有结构简单、可靠性高、易维护、水下控制设备数量少等优点。但是,当所控制阀门增加时,液压线的数量随之增加,从而导致脐带缆外径变大,开发成本增加。直接液压系统不能直接采集水下系统状态数据,同时当控制距离较远时,液压响应速度较慢,一般用于卫星井和短回接距离场合。

4.1.2 先导液压系统

先导液压系统控制信号来自平台,只有一根液压供给管线为水下液动阀提供动力,每个水下液动阀对应一根液压先导控制管线,如图4-2所示。先导液压系统在水下供给线路上配置水下蓄能器,提供暂时的液压动力源。相比直接液压系统,采用先导液压阀,提高了系统的响应速度。

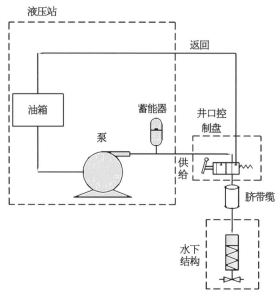

图 4-1　直接液压系统

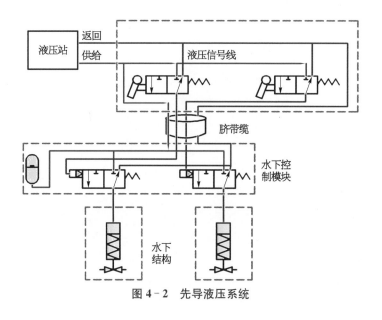

图 4-2　先导液压系统

　　先导阀控制信号来自平台,开闭水下阀门执行器的液压动力来自水下蓄能器。水下蓄能器可设置在水下控制模块内部或外部,其容积大小由阀门响应时间、脐带缆性质、回接距离等决定。水下液压换向阀设置在水下控制模块内部,由于响应速度受制于水下液压换向阀的液压控制管线,一般用于卫星井和短回接距离场合。

4.1.3　顺序液压系统

先导液压系统水下液压换向阀的控制管线数量较多,脐带缆外径较大,为了解决此问题,工业界发明了顺序液压系统,采用一根液压控制管线,按照液压压力的大小顺序控制水下液压换向阀,系统的其他部分与先导液压系统相似,如图 4 - 3 所示。

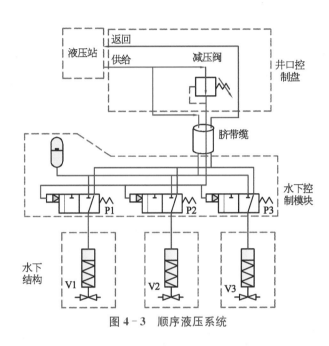

图 4 - 3　顺序液压系统

相比先导液压系统,顺序液压系统简单、只需较少的液压控制管线,但是水下阀门的操作顺序是预先确定的,缺乏灵活性。整个系统的响应时间与先导液压系统类似。

4.1.4　硬线先导电液系统

硬线先导电液系统类似先导液压系统,只是采用水下电磁换向阀代替水下液压换向阀,每个水下电磁换向阀对应一根控制电缆,由电缆传输控制信号,如图 4 - 4 所示。驱动采油树阀门的液压动力来自水下蓄能器。水下控制模块包括水下电磁换向阀和水下蓄能器。

相比先导液压系统,硬线先导电液系统具有控制距离远、系统控制独立和快速、可自动选择阀门控制次序、较快的阀门响应速度、可采集水下控制状态数据等优点。由于减少了液压管线的数量,脐带缆外径相对较小,但增加了控制电缆数量,一般用于卫星井和中远回接距离场合。

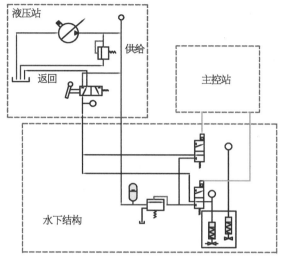

图 4-4 硬线先导电液系统

4.1.5 复合电液系统

复合电液系统是在硬线先导电液系统的基础上,采用复用技术,由一根电缆传输所有的控制信号,减少了电缆的数量,形成了新的电液复合式系统,如图 4-5 所示。复合电液系统包括上部液压站、水下信号调制解调器、水下蓄能器、水下电磁先导换向阀等设备,开闭电磁先导阀仅需几秒。

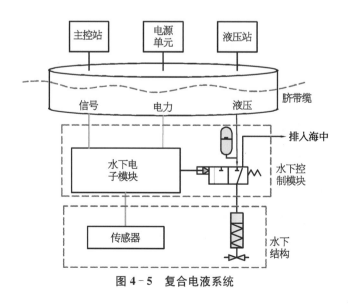

图 4-5 复合电液系统

水下电磁先导换向阀主要有两种驱动方法：

① 直接电磁先导驱动：电磁先导换向阀液压供给的开闭控制着水下阀门的开闭，但驱动电磁先导换向阀所需电压较高。

② 液压先导控制：由小电压电磁换向阀和液压先导阀两部分完成。小电压电磁换向阀为液压先导阀提供动力，液压先导阀开闭液压供给，进而控制水下阀门的开闭。

水下控制模块包含水下电子模块、先导阀模块。上行信号用于远程采集水下数据，如压力、温度、流量、阀门状态等；下行信号则用于快速地控制水下电磁执行结构，再经过液压放大驱动水下液压阀门和油嘴阀。

复合电液系统一般用于远距离回接、多井口的场合，是目前应用最广泛的水下控制系统。

4.1.6 全电控制系统

为了解决液压系统存在污染物排放、清洁度要求较高、不适合超水深及超远距离场合等问题，全电控制系统提供了一种全新的解决方案。

全电控制系统的组成包括全电阀门执行器、电马达、电子模块、电气连接器等，如图 4-6 所示。

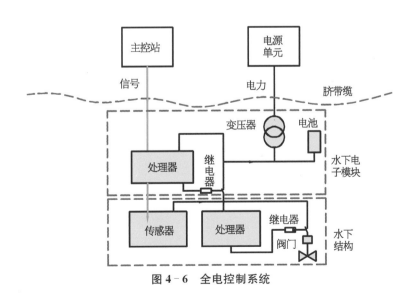

图 4-6 全电控制系统

全电控制系统具有可靠性高、阀门响应快、操作维护成本低、安全环保等优点，一般用于多井口和超远回接距离场合。

4.2 水下控制系统组成及功能

从宏观上讲,水下控制系统的主要设备有上部设备和水下设备,如图4-7所示。

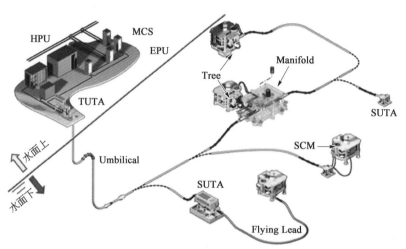

图4-7 复合电液式控制系统的组成

4.2.1 上部控制设备

图4-8 主控站

上部控制设备主要包括主控站、电力单元和液压动力单元。

1)主控站

MCS(图4-8)是控制及监测水下生产系统的控制单元,其功能包括搜集和处理所有的水下数据、监测平台设备的操作(HPU、EPU等)、控制井口及管汇上的所有阀门、执行开/关井顺序、监控电源及通信状态、连接平台控制系统的界面、连接平台安全系统的界面等。

(1)MCS功能

①搜集和处理所有的水下数据。

②监测平台设备的操作(HPU、EPU等)。

③ 控制井口及管汇上的所有阀门或油嘴阀。

④ 执行关井顺序。

⑤ 监测和控制具有冗余能力的电源及通信。

⑥ 连接平台控制系统的界面。

⑦ 连接平台安全系统的界面。

⑧ 连续检查报警状态。

⑨ 设置报警限值,校准仪表。

⑩ 配置阀门或油嘴阀的操作参数。

⑪ 显示和记录所有传感器、阀门位置的读数。

⑫ 分析阀门状态。

(2) MCS 组件

① 热冗余的可编程控制器(programmable logic controller,PLC)系统。

② 数字 I/O 模块,与平台安全系统、内部传感器、指示器、断路器状态相连。

③ 分散控制系统通信接口卡。

要求包括:

① HPU、PLC 和 EPU 间通信基于以太网的 TCP/IP 协议。

② 以太网交换机与操作站、工程师站连接。

③ 操作站、工程师站等为可视化界面。

互锁、控制、检测通过 PLC 来实现,MCS 配置为冗余的,可现场连续作业。

2) 电力单元

EPU(图 4-9)是水下生产系统的关键设备,它为 MCS 和水下控制模块之间的电力输送和通信建立了通道。基于 PLC 的 EPU 可以作为独立设备,也可和 MCS 或调制解调器单元集成在一起。

EPU 的组件包括:

① 电力滤波器(power line filter)。

② 变压器。

③ 断路器(breakers)和接触器(contactors)。

④ 绝缘测量装置(insulation measure device)。

⑤ 上部电子模块(topside electronic module)。

⑥ 以太网交换机。

⑦ 触摸屏。

3) 液压动力单元

HPU(图 4-10)通过脐带缆为水下生产系统设备提供液压动力,它的监测功能及控制功能通过本

图 4-9 电力单元

图 4 - 10　液压动力单元

地控制盘(local control panel)来实现。

　　循环泵从外界抽取液压液,并循环液压液,使之经过过滤器,始终保持油箱的清洁度达到标准要求。高低液压泵分别为高压回路、低压回路提供液压动力。高低蓄能器提供补偿、防冲击等功能。在紧急关断情况下,HPU 上的紧急关断(emergency shutdown, ESD)电磁阀关断液压动力供应。液位变送器测量油箱液位,压力变送器测量液压系统的压力。本地控制盘监控整个液压站的运行。

　　HPU 的主要组成包括液压介质储罐、泵、控制系统、控制阀等,其中紧急关断设备被用来关闭液压供应,进而关闭故障安全阀。液压元件全部是标准件。一台 HPU 的标准配置如下:

　　① 返回油箱、供给油箱(supply and return reservoirs)。

　　② 冗余的高低压泵。

　　③ 循环泵(circulation pump)。

　　④ 过滤器。

　　⑤ 液位变送器、压力变送器。

　　⑥ ESD 电磁阀。

　　⑦ 高低压蓄能器。

　　⑧ 相关液压管线、电缆、气动管线。

　　⑨ 本地控制盘,包括 PLC、触摸屏、通信模块等。

　　4) 上部脐带缆终端单元

　　TUTA 是平台控制设备和脐带缆的连接界面。TUTA 采用完全密封设计,是电源、通信的汇集分配面板,同时也是与液压及化学药剂供给相关的管道、仪表、泄放阀等的汇集面板。以下物流和信号通过 TUTA 中转来实现:

① 来自 HPU 的液压动力和来自水下的返回液压液。

② 来自平台的化学药剂。

③ 来自 EPU 的电力和通信、水下采集的数据。

TUTA 是控制系统的上部接线箱,它为液压站、主控站、化学药剂罐以及脐带缆悬跨系统和水下脐带缆提供接口。通过 TUTA,来自 HPU 的液压油输送到水下控制模块,返回的液压油回流到 HPU,化学药剂注入水下设备,来自电源通信站的电能及控制信号输送到水下控制模块。

TUTA 主要由控制面板、后门把手、脐带缆管线、脐带缆悬挂器、电器接线盒、支撑结构等组成,如图 4-11 所示。

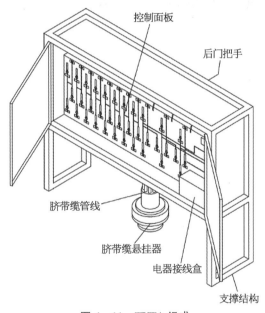

图 4-11　TUTA 组成

4.2.2　水下控制模块

SCM 是水下生产系统的水下控制中心,一方面接收 MCS 的命令,另一方面采集水下传感器数据和执行控制命令。

1) 外壳

外壳保护内部的液压阀组、低压蓄能器、返回补偿器、电子模块和内部仪表。它的底部通过法兰与基板连接,液压阀组通过螺栓与基板连接,电子模块位于液压阀组之上。

2）基板

基板位于 SCM 底部。液压耦合器、电气连接器、锁紧机构等与 SCM 基座的连接界面位于基板上。

3）锁紧机构

锁紧机构位于基板中心，包括螺杆（螺杆穿过 SCM 中心到达 API 17D 锁紧桶）。锁紧机构由 ROV 扭矩工具进行操作。

4）水下控制模块基座

SCM 基座安装在采油树或管汇上，为水下电液分配系统和 SCM 的连接提供界面。

5）液压系统

液压系统包括液压阀组、高低压过滤器、低压蓄能器、返回补偿器、高低压流量计、压力变送器。

6）水下电子模块

SEM 包括硬件和软件。为了获取高的可靠性和灵活性，硬件包括多个微处理器和电力供给单元。SEM 配置两个独立的防水隔离。为了未来扩展需要，SEM 应有一定的备用内存容量。SEM 采用标准化设计，减少 SEM 与传感器、换向阀的接口形式，保证互换性。

SEM 硬件由内部板卡和外部板卡组成。外部板卡负责通信信号的转换，主要由电源滤波器、动力单元、调制解调器组成。内部板卡负责处理信号，控制水下设备，主要由中央处理单元、模拟输入、数字输出、串行输入/输出等组成。中央处理单元负责接收处理信号和发送水下设备控制命令。模拟输入单元主要是将外部传感器的数据转换为数字信号（温度压力变送器、液位传感器、两个流量计、一个电动调节阀、变频器控制信号）。数字输出单元主要提供脉冲控制电磁阀组，进而控制水下阀门。串行输入/输出负责 SCM 内部传感器和流量计信号的传输。

为了控制和监测水下完井系统和水下生产系统，每个采油树或管汇上必须设置 SCM。在采油树上的 SCM，收到 MCS 的指令后，驱动水面控制井下安全阀、生产主阀、生产翼阀、环空主阀、环空翼阀、连通阀、生产油嘴阀、海管隔离阀、井下化学药剂注入阀、化学药剂注入阀等，并反馈这些阀门的位置信息。

井下、生产通道、环空通道的温度和压力数据被传感器采集后，发送到 SCM，最终数据显示在 MCS。通过电液跨接线，设置在采油树上的 SCM 可以控制跨接管和管汇的仪表或阀门。

4.3　水下控制系统关键技术

4.3.1　高可靠性技术

水下控制系统是水下生产系统的指挥中心,对系统的可靠性要求很高。水下控制系统在不同工况下具有各种测控功能,每个测控功能的实现由不同的测控元件完成。在系统设计时需要对每一个测控功能开展故障模式影响及危害性分析(failure mode, effects and criticality analysis,FMECA),同时基于危害和可操作性分析(hazard and operability analysis,HAZOP)和保护层分析(layer of protection analysis,LOPA)组合分析方法量化水下控制系统每一个测控功能的可靠性要求,再根据各个测控功能的共性及水下控制系统整体结构,确定水下控制系统整体的可靠性要求。针对目标油气田不同作业要求,应用已形成的控制系统整体可靠性需求确定方法,确定水下油气田不同作业阶段水下控制系统可靠性要求指标。

4.3.2　材料选择技术

液压控制回路上元器件(如变送器、过滤器和换向阀等)制造要求非常精密,同时可靠性要求很高,需要有较高的机加工水平才能实现。

所有和工艺流体接触的材料应符合 ISO 15156/ NACE MR－0175 的要求。液压管线材料应当是 ASTM A269 UNS S31603,并按照 ASME 章节 IX 和 ASME B31.3 端头焊接。接触海水但未受到阳极保护的金属应自身具备海水防腐性能,耐腐蚀当量最小数值应为 40。对于含 22％铬和 25％铬的双向不锈钢液压管线材料,材料的获取、焊接和检查应按照 DNV－RP－F112 的有关要求。DNV－RP－F112 提供了一个设计中减少氢致开裂(hydrogen induced stress cracking,HISC)风险的原则。所有供应的锻件应当由电炉炼钢制造。所有的钢应当全部除氧气以防气泡的形成。如果需要热处理以抵挡氢引起的脆裂和 HISC,所有的锻件材料(比如 ASTM A694 F60、ASTM A694 F65、AISI8630 和 F22)应当具有足够的柔韧性并满足材料表中给出的冲击性能最低要求。不允许使用机加工过的板材和棒材制成的锻件。

4.3.3　通信技术

按照通信的物理介质,可将通信模式分为载波(铜线)通信、光纤通信。

1）载波通信

依据和电力线的关系，将载波通信分为电力线载波通信（communication on power，CoP）与独立载波通信（communication and power，CaP）。CaP 的信号和电力分开，有独立的物理通道。CoP 的信号与电力共用相同物理通道。关于 CaP 与 CoP 的原理，如图 4-12 所示。关于两者的特点，见表 4-1。近距离通信可采用 CaP 和 CoP。

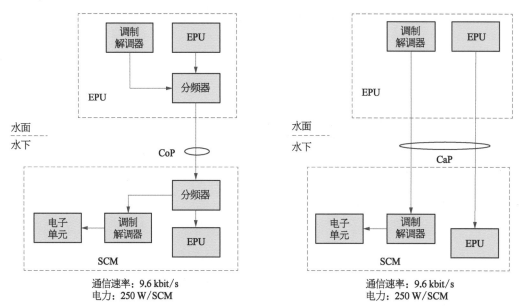

图 4-12　CoP 和 CaP

表 4-1　CaP 与 CoP 特点对比

类型	设备	通信速率	优点	缺点
CoP	调制解调器、分频器、两芯电缆	半双工，最大 9.6 kbit/s	仅采用 CaP 一半数量的电缆，成本低	采用分频器，分离 50/60 Hz 的电力，故信号干扰大
CaP	调制解调器、四芯电缆	半双工，最大 9.6 kbit/s	无分频器，信号干扰较小	采用电缆数量是 CoP 的 2 倍
光纤通信	光电转换器、光纤	全双工，最大 100 Mbit/s	抗电磁干扰能力强、传输容量大、频带宽、传输衰减小	光纤较脆弱，成本高

2）光纤通信

依据标准 ISO 13628-5，在水下脐带缆中光纤通信模式有单模光纤和多模光纤。多模发光器件为发光二极管，光频谱宽、光波不纯净、光传输色散大、传输距离短。单模发光器件为激光器，光频谱窄、光波纯净、光传输色散小、传输距离远。对于短距离通信，可采用多模光纤；对于长距离通信，一般采用单模光纤。

光纤通信的原理是：在发送端先要把传送的信息变成电信号，而后调制到激光器发出的激光束上，使光的强度随电信号的幅度（频率）变化而变化，并通过光纤发送出去；在接收端，检测器收到光信号后把它变换成电信号，经解调后恢复原信息。

对于长距离大数据量通信，一般采用光纤通信为主、载波通信为辅进行通信。光纤通信模式采用单模光纤、波分复用。当水下通信量较大时，建议采用多芯光纤进行通信。

4.3.4　液压系统设计技术

液压系统对于控制系统的重要性如同人体的血液系统，控制信号通过液压系统传递到各个执行单元，实现操作阀门的开关。在选择液压液时，应考虑液压液所处的最大井口温度及压力，应谨慎考虑平台安全及环境条件。最大温度通常在井下安全阀处。所有的液压组件应与液压液相互兼容。

1）清洁度

清洁度等级按照 ISO 4406 Class 15/12 或者其他标准同等等级执行。液压系统制造商应在规格书中规定液压组件的清洁度等级。在设计、制造、测试及操作阶段，考虑测试及维护液压系统的清洁度。在设计时，应考虑循环清除液压系统中的海水及颗粒污染物。液压系统可以容许一定的海水及颗粒污染物。对于污染物敏感的组件，应专门配置过滤器。

2）水下蓄能器

在安装及使用过程中，液压系统可能被海水入侵。推荐的措施是：清除系统中残余的空气及对蓄能器充压。对于闭环回路系统（SCM 的返回回路与采油树阀门的弹簧室相连），补偿器的容积应为最大需求量并考虑一定的系数。

3）过压保护

系统安全阀设置压力不应超过系统设计压力。在设计液压系统时，应考虑水锤、高压脉冲、管线及阀门上的振荡等因素。如果判断可能出现高频载荷，在设计及制造时应考虑采取措施减少这种风险，如采用对口焊接液压连接。

第 5 章　水下生产系统脐带缆

作为水下控制系统关键组成部分之一的水下生产系统脐带缆,是连接上部生产系统设施和水下生产系统之间的"神经""生命线",在两者之间传递液压动力、电力、控制及反馈信号、化学药剂等,目前已经被成功地应用于浅水、深水和超深水领域,为水下油气资源开发和生产提供支持。

脐带缆在海洋工程中的应用经过了近60年的发展。最早的脐带缆出现于20世纪60年代,应用于壳牌公司1961年在墨西哥海湾建造的水下井,水深16 m。该脐带缆为直接液压式,由许多液压管组成,各液压管与对应采油树阀门连接,整缆横截面积较大。到了70年代,由于液压换向阀和集成电路技术得到广泛应用,出现了电液复合控制系统,使得脐带缆的横截面积大大减小。这时的脐带缆已经不再仅由管道组成,还包括动力电缆和数据传输线路等。但是到了80年代后期,随着水深增加,软管脐带缆的一些问题(如流体渗透、水密性以及软管本身的抗压溃及拉伸性能)逐渐显现,局限性越来越大。连接处和液压配件处出现泄漏,软管中的甲醇出现渗漏,软管在深水环境中被压溃,电缆及连接器进水等问题困扰了整个脐带缆行业。因此,从90年代开始,钢管和光纤脐带缆受到越来越多的关注,并在海洋石油开发中得到越来越多的应用。

当前国外脐带缆设计与制造具有代表性的公司主要有 Nexans、Aker Solutions、JDR、TechnipFMC、Oceaneering 等。这些大型公司较为全面地掌握了设计理论和设计方法。

相比国外,国内脐带缆的生产严重滞后于国际发展及国内实际需求。直到"十一五"期间,国内才开展了脐带缆生产关键技术攻关研究并有相关工程应用。

5.1 脐带缆简介

如前所述,在油气田开发项目特别是深水油气田开发项目中,脐带缆是常用的水下生产系统的重要设备。本节将对脐带缆的功能、组成及类型等进行详细介绍。

5.1.1 脐带缆功能

从功能上来看,脐带缆肩负着连接上部生产依托设施和水下生产系统的职责,在两者之间传递电力、液压动力、控制及反馈信号、化学药剂。其中:

① 电力、液压动力及化学药剂一般从上部到下部单向传输。

② 控制及反馈信号为双向传输。控制信号一般由上部向下部传输。反馈信号包括各类传感器信号及动作状态等,一般由下部向上部传输。

5.1.2　脐带缆组成

脐带缆的结构纷繁多样，不同的使用环境和用途具有不同的结构，几乎没有统一的标准和样式。一般而言，主要由电缆（动力电缆、信号缆或电力信号缆）、光缆（单模或多模）、液压或化学药剂管（钢管或软管）、聚合物护套、碳纤维棒或铠装钢丝以及填充物等组成。其中：

① 电缆主要用于动力电、控制电的传输，在采用电通信时还可用于信号的传递。

② 光缆主要用于传递各类信号，特殊情况下还可用于脐带缆自身状态信息监测。

③ 各种管线（包括钢管及软管）用于传输液压流体、化学药剂及油气。

④ 聚合物护套一般包裹在电缆、光缆及各类管线外部，可以起到绝缘和保护的作用。

⑤ 碳纤维棒或铠装钢丝一般布置在脐带缆外围，可以增加缆体轴向刚度、强度，同时增加缆体单位长度的质量，增强脐带缆的海底稳定性。

⑥ 填充物用于填充空隙和固定缆体各组成部分相对位置。

脐带缆的各组成部分一般称为单元，电缆、光缆、管则分别称为电缆单元、光缆单元及管单元，如图 5-1 所示。

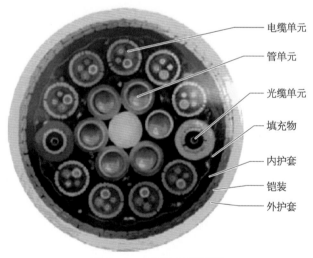

图 5-1　典型脐带缆截面

5.1.3　脐带缆类型

根据内部含有单元类型不同，脐带缆可分为电缆脐带缆、液压脐带缆、光纤脐带缆、电液复合脐带缆、电光复合脐带缆、液压光纤复合脐带缆、光电液复合脐带缆、集成应用脐带缆（除包含光电液单元外，还包含油气通道）。

根据管单元类型不同,可分为钢管脐带缆和软管脐带缆。

根据是否包含铠装层,脐带缆可分为非铠装脐带缆和铠装脐带缆。根据铠装材料不同,又可分为金属铠装脐带缆和非金属铠装脐带缆。铠装脐带缆根据铠装层数量可分为单层、双层及多层铠装脐带缆。

根据脐带缆应用工况不同,可分为静态脐带缆和动态脐带缆。

1) 单层铠装光电液复合钢管脐带缆

图 5-2 所示为典型的单层铠装光电液复合钢管脐带缆截面。该脐带缆能够同时输送动力电、控制电、电通信及光通信信号、液压动力、化学药剂。

脐带缆铠装采用圆钢丝,在其内外各有一层护套,分别称为内、外护套。该类型脐带缆适用于采用电液复合控制方式的水下生产系统。

图 5-2　单层铠装光电液复合钢管脐带缆截面　　图 5-3　双层铠装光电液复合钢管脐带缆截面

2) 双层铠装光电液复合钢管脐带缆

图 5-3 所示为典型的双层铠装光电液复合钢管脐带缆截面。其功能与单层铠装光电液复合钢管脐带缆相同,区别为该脐带缆铠装采用两层扁钢丝,仅有一层外护套,内部是衬层。该类型脐带缆也适用于采用电液复合控制方式的水下生产系统。

3) 电液复合软管脐带缆

电液复合软管脐带缆(图 5-4)适用于电液复合控制方式的水下生产系统。由于软管的渗透性及自身膨胀性,适用于控制距离较短、液压响应要求不高的工况。其采用五层圆钢丝进行铠装。铠装能起到承受拉伸载荷、增加海底稳定性、保护缆体内部结构的作用。

图 5-4　电液复合软管脐带缆截面

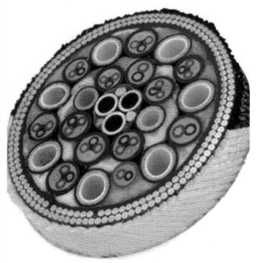

图 5-5　电液复合软钢管脐带缆截面

4) 电液复合软钢管脐带缆

与电液复合软管脐带缆类似,电液复合软钢管脐带缆(图 5-5)适用于电液复合控制方式的水下生产系统,不同之处在于管单元同时采用了软管及钢管。

5.1.4　脐带缆附件

为了保证水下生产系统脐带缆正常工作,除脐带缆主缆外还需要一些脐带缆附属装备,主要包括:水上脐带缆终端、拖拉头、悬挂装置、J 形管(或 I 形管)密封、防弯装置、限弯装置、浮力装置、水下脐带缆终端、接线箱、弱连接、连接装置等。

5.2　脐带缆设计技术

5.2.1　设计原则

脐带缆是水下生产系统的关键部分,连接水面设备和水下设备,建立动力输送、通信、信号采集等的通道。脐带缆系统应根据以下基本原则设计:

① 应满足设计基础中规定的功能和操作要求。

② 设计不应让意外事件的范围扩大升级为事故。

③ 安装、回收应简单可靠,结实耐用。

④ 应提供充分的介入空间用于更换和维修。

⑤ 结构细节的设计和材料选择应能经受腐蚀、老化、冲蚀和磨损的影响。

⑥ 脐带缆机械部件应采用保守的设计方法,必要部件可考虑冗余。

5.2.2　设计基础

对于一项具体的水下脐带缆工程,在进行设计前首先需要了解业主委托的工作范围;应在设计过程的初始阶段确定设计基础文件。设计基础应包含或参考设计脐带缆系统要求的所有相关信息。此外,如有特殊要求,应在设计基础报告中列出,例如设计寿命、防渔网保护等。根据确认的基础数据,编制设计基础报告,经确认后开展脐带缆设计工作。设计基础通常包括:

① 油气田概况,包括油气田开发方案,为脐带缆功能设计提供项目背景要求。

② 海洋环境参数,包括水深、风、浪、流等环境参数,为脐带缆设计分析提供载荷数据。

③ 依托设施运动性能参数,包括结构尺寸、吃水深度、依托设施在环境载荷作用下运动性能参数等,为脐带缆运动分析提供输入参数。

④ 脐带缆功能要求,包括脐带缆各功能单元(包括液压动力、电力、化学药剂、通信等)的基本参数、液压注入量、化学药剂注入量、电力负荷要求和通信要求等。

5.2.3　设计要求及主要指标

脐带缆设计需要满足如下要求:

① 能承受规定的设计载荷和载荷组合,并在规定的设计寿命内完成其功能。

② 在设计寿命期间,能在规定温度下储存和运行。

③ 组成材料应适应所处的环境,包括渗透的流体,并与腐蚀控制及介质相容性要求一致。

④ 电缆:能按规定的要求传输电力和信号。

⑤ 光纤:在规定的衰减范围内,能以要求的波长传输信号。

⑥ 软管和/或金属管:能在要求的流量、压力、温度和清洁度下传输流体。

⑦ 如果部件出现渗透,能以可控的方式进行排放。

⑧ 按制造商规格书的规定,能安装、回收和再安装。

终端和附属设备至少应满足与脐带缆相同的功能要求。如适用,应按下列各项进行论证:

① 终端应在脐带缆和支撑结构之间提供结构接口。

② 终端应在脐带缆和弯曲限制器/抗弯曲加强件之间提供结构接口。

③ 终端不应降低脐带缆的使用寿命，或使系统性能低于功能要求。

④ 防腐应满足设计寿命的要求。

⑤ 安装过程中，将终端应急回收或按计划回收到水面，不应降低脐带缆的使用寿命或系统性能。

⑥ 终端中的材料应适应其所接触的任何规定流体（包括潜在渗透流体）。

脐带缆终端和附件的设计除应满足相关标准规范和项目要求，还应针对各部件可承受的载荷进行设计。脐带缆终端和附件的安全工作载荷可能会与脐带缆的限制载荷不同。

设计应考虑在运输和安装过程中的温度影响、安装方法和考虑长期服役后可能的修保情况。

脐带缆终端和附件的设计应考虑足够的元件长度，以保证电缆重复连接、金属管重复焊接和软管重复连接。

脐带缆终端、附件设备和脐带缆的设计应明确是否为自由进水（free flooding）。对于水下终端，应记录非金属材料与可渗透液体的相容性。上部终端的设计应能够处理通过脐带缆释放出的液体和气体。根据整体腐蚀保护系统要求，脐带缆、附件设备和接口硬件之间应具备连续性和隔离性。

脐带缆的功能性构件和结构性构件，其设计参数不尽相同。对于功能性构件，如液压管道设计参数，主要包含管道材料、内径和壁厚。对于结构性构件，如填充的设计参数，主要包含填充形式和材料性质；铠装的设计参数有铠装材料性能、缠绕角度、层数以及铠装截面形状与尺寸。而对于集束组装成形的缆体，其设计主要参数为基本力学性能指标，如刚度、强度、疲劳和稳定性等，具体内容如下：

① 最小拉断载荷：缆体最小拉断力应大于其在应用环境下所承受的极值拉伸荷载，保证在任何工况下有足够的安全余度，确保脐带缆的正常运行。

② 最小弯曲半径：在储存和使用期间，过度的弯曲将导致脐带缆屈曲失效、塑性失效及功能失效。

③ 动态疲劳寿命：当脐带缆以动态形式承受载荷运行时，缆体设计必须考虑抗疲劳性能；在足够安全系数的情况下，缆体应达到规定的设计寿命。

④ 触地点缆体稳定性：当设计的脐带缆铺设到海床时，应具有足够的稳定性抵抗海床地质和海流的反作用力。

⑤ 截面布局：脐带缆中所包含的功能构件，其力学性能往往差异较大。因此，在构件集束组装布置过程中截面应尽可能紧凑和对称，同时对于构件间的空隙，应尽可能采用辅助填充物以达到密实状态；避免脐带缆制造、安装和工作期间构件间产生较大的挤压力。

5.2.4　设计方法与流程

根据规范要求,脐带缆的设计方法至少应包括以下几个方面:

① 理论基础的描述,包括为了满足功能要求,评估脐带缆设计参数的计算程序、方法及必须要满足的准则。

② 应提供疲劳寿命和极值应力评估方法的资料。

③ 理论基础的验证。对部件试样和完整的脐带缆试样进行验证或评定试验。试验或证明文件应包括全部脐带缆结构部件的能力。

④ 对于校核非关键部件,如耐磨层,若该方法不影响其他部件应力计算的可靠性,应采用简化、保守的分析方法。

⑤ 导致金属结构部件几何变形的内部摩擦力对应力的影响以及应力集中系数的基础,包括终端接头及其内部、夹具附件、刚性连接面、制造公差及由载荷引起的缝隙应被记录。

⑥ 制造和设计的公差、制造产生的应力、内部摩擦、焊接以及影响结构性能的其他因素。

⑦ 清楚地规定应用范围和界限。

设计方法应考虑各层的磨损、腐蚀、侵蚀、制造工艺、安装载荷、尺寸变化、蠕变和老化(由于机械、化学和热老化导致)的影响。如果脐带缆的设计超出了之前已评定的设计范围,应进行评定试验来验证新的设计方法。评定试验应证实那些超出之前已验证范围的设计参数的适应性。

水下生产系统脐带缆在安装及在位运行过程中,受到海洋环境中水流、波浪、浮体运动以及缆的自重等载荷作用,脐带缆要能克服拉伸、弯曲、疲劳引起的失效。因此,水下生产系统脐带缆的设计不仅要满足功能要求,还要满足使用环境条件要求。水下生产系统脐带缆的总体方案主要针对脐带缆要实现的特性,根据具体的环境条件进行相关设计,通过对脐带缆单元截面、线形的设计和相关分析,确定满足功能和使用条件的脐带缆方案。

水下环境非常恶劣,脐带缆一旦发生故障,很难进行修复,维护成本也非常高,而且如果有油气泄漏发生时脐带缆不能及时关闭水下安全阀,有可能会污染海洋环境,因此非常有必要分析水下脐带缆的可靠性以保证水下生产系统的正常运行。脐带缆可靠性分析参考的标准主要为 API RP 17N 和 API RP 14J,可靠性数据的来源主要有:可靠性数据库、企业内部统计数据和可靠性试验数据。

可使用 FMECA 研究水下脐带缆,包括动态缆和静态缆的可靠性,指出脐带缆的薄弱环节,提出一些针对性的改进措施,有利于保证海洋油气开发的安全和收益。

5.3 脐带缆制造技术

在完成脐带缆截面设计、整体分析和局部分析后,脐带缆的最终单元组成和结构排列形式将被确定。脐带缆属于非标产品,根据不同的功能需求、截面设计进行制造流程设计和制造设备选型。

开始制造前,制造商应准备质量计划,说明如何通过所提出的制造过程来达到和验证规定的性能。质量计划应指出影响产品质量及可靠性的所有因素,列出从所接收原材料的控制到最终产品交运的所有制造步骤,包括检验与检查节点。

5.3.1 脐带缆制造流程

脐带缆制造流程包括单元制造、成缆、护套挤出和钢丝铠装等。主要的制造设备包括成缆机、钢丝铠装机、护套挤出机和中转储运装置等。

脐带缆成缆是将各个功能单元按截面设计的要求在成缆机上进行螺旋缠绕,使脐带缆的功能单元形成一个整体;内护套挤出是在脐带缆成缆后形成的功能单元束外形成一道非金属包覆,增加脐带缆单元束的稳定性,同时为钢丝铠装提供一个衬托层;钢丝铠装是在脐带缆内护套外缠绕多层钢丝,增加脐带缆稳定性、抗侧压能力和拉伸强度;外护套的功能是增强保护钢丝铠装,同时增加脐带缆整体结构的稳定性和完整性。在这些工序中,关键工序是脐带缆成缆。

脐带缆各单元的制造主要有电单元制造、钢管单元制造以及光单元制造,成缆,内护套挤出,钢丝铠装和外护套挤出等,其流程如图 5-6 和图 5-7 所示。

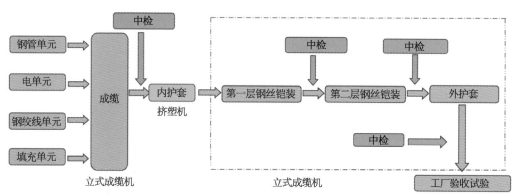

图 5-6 典型脐带缆制造工艺流程

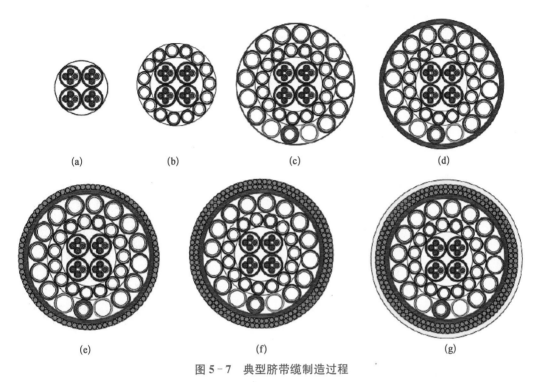

图 5-7　典型脐带缆制造过程

（a）一层成缆；（b）二层成缆；（c）三层成缆；（d）内护套；（e）一层铠装；（f）二层铠装；（g）外护套

5.3.2　脐带缆主要制造设备

脐带缆的制造设备分为单元制造设备和总成缆制造设备，其中单元制造设备较为常规，在本章节中不进行详细展开。脐带缆的总成缆制造设备主要包括成缆机、护套挤出机、钢丝铠装机和中转储存装置等。

1）成缆机

脐带缆成缆设备是脐带缆生产线中最关键的设备，其主要功能是将脐带缆各单元通过一定的组合形式形成一个整体。按类型来分，脐带缆成缆设备包含立式成缆机、卧式成缆机、SZ 绞合成缆机等。

顾名思义，立式成缆机是一种垂直式的成缆设备，一般为各单元从底部的放线盘集中输送到高处的成缆模具中，通过行星式的旋转使各单元以一定节距束绞在一起。其适用于长的脐带缆成缆，且可用于动态和静态脐带缆的生产，但该生产线不适用于一些外径较大的脐带缆。

卧式成缆机是一种水平式的成缆设备，各单元从成缆机后部的线轴集中输送到前端的成缆模具中，通过行星式的旋转使各单元以一定节距束绞在一起。其优势是可以加工大口径的脐带缆，且同时适用于动态和静态脐带缆的生产。

2）护套挤出机

护套挤出机的功能是实现脐带缆不同材料、厚度和外径的内护套和外护套的挤出。脐带缆护套挤出机一般包括料斗、多段机头和冷却水槽。部分脐带缆需在安装时进行扭转监测，所以脐带缆护套挤出机还需具备双机头双色挤出的功能。

3）铠装机

铠装机的功能是实现脐带缆不同规格、尺寸钢丝的铠装。钢丝一般分为圆钢丝和扁钢丝，尺寸一般在 2~6 mm。

铠装机的主要功能指标包括放线盘数量、放线盘尺寸等。与成缆机类似，放线盘数量和尺寸决定了单次铠装的钢丝根数以及长度。

同时，铠装机的另一个控制装置是铠装预扭头，预扭装置以及预扭参数设置的合理性将决定脐带缆铠装后钢丝的去残余应力效果，进而影响脐带缆储运和运行效果。

4）中转储存装置

脐带缆中转储存装置的功能是实现不同长度脐带缆制造过程中的中转收储功能。中转储存装置可分为立盘和托盘，托盘的储存量要大于立盘。而立盘具有更好的灵活性，并可直接吊入安装船只，免去了脐带缆导入安装船的工序。

5.4 脐带缆测试技术

在脐带缆产品研制的整体过程中，测试是验证产品功能、保证产品质量的最后一关，是产品能否满足用户要求的实际验证。

根据 ISO 13628-5 的规定，脐带缆的测试包括型式测试、验证测试及出厂测试三大类。针对脐带缆及其各组成单元，每一类测试都包含若干具体测试项目。

型式测试一般是指新产品研制过程中，针对原型缆（单元组件原型）进行的一系列测试。该类型测试也可以根据买方对项目风险的判断，由其指定进行。若买方指定进行，脐带缆厂商需要在正式生产产品缆前试生产一定长度的样缆，并对样缆进行测试。

验证测试是在正式生产的产品缆（单元组件产品）中截取一定长度的样品，并对其进行的一系列测试。其目的是确认产品符合规定设计要求的功能及特性。

出厂测试则是针对生产后的产品缆（单元组件产品）进行的一系列测试，是产品实际交付买方前必须进行的测试，以证明产品满足买方各项技术要求。

此外,ISO 13628-5 还针对单元组件产品运送到脐带缆厂家/成缆前进行的交付测试,装船前、中、后的监测,铺设过程中的监测,拖拉作业后的检测以及完成连接后的检测进行了详细规定。

5.4.1　样缆测试

1) 外观和尺寸检查

目测脐带缆表面要求没有与良好工业产品不相称的任何缺陷,同时测量电缆的外形尺寸。

2) 拉伸试验

开展拉伸试验,测量拉伸刚度以检验设计方法,并检测脐带的抗拉强度极限,保证结构安全。

取一段完好的样缆作为试验样品,样品长度保证在缆的两端留出需要的测试连接长度和端头连接长度后有足够的有效试验长度。先将缆的两端去除外层保护构件,露出各功能单元(电缆、通信控制电缆、光缆、钢管),各单元留出足够测试连接长度。接着将两端的各个功能单元分别穿过专用试验夹具,再把外层保护构件与夹具连接固定。然后将夹具装在拉力机上,再将各个功能单元分别连接到各自的测试系统上,预热各测试系统。最后设定拉伸速率,拉伸负荷从 2% 额定负荷以 10 kN 逐级加载直至最大工作负荷,并保持住,启动各测试系统采集初始数据,同时各测试系统应记录相应的测试数据。

在最大设计工作负载下保持足够时间后,开始卸载张力,以相同的速率逐级卸载直至 2% 额定负荷,同时各测试系统应记录相应的测试数据。

以上步骤重复 3 个循环,在此过程中连续监测电信号和光信号的衰减情况。

完成以上步骤后,加载张力,直至机械失效产生或达到设计破断负载。

拉伸试验后,对试样进行拆解,观察各功能元件的变化情况并记录。试验完成后绘制应变-拉力曲线,在弹性范围内计算脐带缆拉伸刚度,并确定脐带缆在失效范围内各部件所承受负荷以及其抗拉强度极限。

3) 弯曲刚度试验

弯曲刚度试验主要测量脐带缆在受到弯曲力矩下的变形情况,评价脐带缆抵抗弯曲变形的能力。

将长度不小于 2 m 的脐带缆放在弯曲试验台上,两端简支。在简支梁中间通过作动器施加竖向载荷增量,30 s±5 s 后测量该点挠度,然后加载下一个载荷增量并测挠度,最后可通过工程上的弯曲梁理论计算出脐带缆的弯曲刚度,并记录得到的样品截面模量。

4) 压扁试验

截取足够长度成品缆,长度应符合相应功能单元(电力电缆、通信控制电缆、光缆、钢管)测试的要求。将试样水平置于试验机上,试验机的两个夹头上均固定两块水平的平行板。

第一步,设定试验机夹头移动速率为 5 mm/min 或用户要求数值,启动各测试系统,采集初始数据。

第二步,开始加载,直至负荷达到设计值或变形达到 10% 时开始卸载。缆的变形量应连续记录。

压扁试验后,对试样进行拆解,观察各功能元件的变化情况并记录。

5)最小弯曲半径试验

将长度大于理论最小弯曲半径 4 倍的样缆放在所制作的可变半径砧座上,对管道施加载荷使管道和砧座紧密连接,确定管道的破坏指标,得到样缆的实际最小弯曲半径。

6)拉扭试验

将长度大于 10 倍脐带缆直径的测样样品放在拉伸装置上固定,一端与支架连接,另一端与作动器连接施加拉力并施加固定扭转角,测量缆线的变形。

7)水密性试验

截取足够长度成品缆,长度应符合相应功能单元(电力电缆、通信控制电缆、光缆、软/钢管)测试的要求。将试样穿过水密试验装置,并在两端采取足够密封措施。在两头测试其渗水情况,达到测试其纵向水密性能目的。

8)拉弯试验

脐带缆铺设和在位过程中会受到拉伸和弯曲组合作用,需要测试缆线在拉弯组合作用下的性能。将长度大于 10 倍脐带缆直径的测试样品放在拉伸固定装置上,施加一定的弯曲半径,测量缆线在组合载荷下的变形。

9)疲劳试验

应用动态加载疲劳装置,模拟浮体运动以及脐带缆在位过程中的真实角度、载荷、循环次数和周数,测量样缆的应力应变情况。测试脐带缆在上部浮体漂动以及海洋交变载荷作用下对缆中诸元件的影响。

5.4.2 单独组件测试

在组件组装成脐带缆之前,供货商应该确保组件已经完成以下测试:

1)管线

① 焊接工作必须由专门人员按照公司承认的国际通用程序完成,并且经过 100% 的无损检测(nondestructive testing,NDT)。

② 目测检查。

③ 尺寸检查(外径、壁厚、内径、同心度)。

④ 依照 ISO 13628 - 5 标准样品的爆破压力检测。

⑤ 1.5 倍于设计压力的校样压力测试 60 min。

⑥ 冲洗/清洁。

2）电缆

① 绝缘导线的静水力学测试。

② 直流导体电阻。测试时应该做温度校正，调整到 20℃。电阻的测量应该精确到毫欧。温度校正和标准应符合 IEC 出版物 228 条。

③ 绝缘电阻。

④ 高压直流电。

⑤ 时域反射计(不允许接头)。

⑥ 通信频段内衰减特征。

⑦ 自感应。

⑧ 电容量。

⑨ 特性阻抗。

⑩ 近端和远端的串扰。

⑪ 火花测试

5.4.3　与终端连接前的测试

与终端连接前测试必须由供货商完成，以确保已经完成的脐带缆能够连接终端。供货商应该提出一个完整的测试程序，这个程序应至少包括以下条件：

① 按照 ISO 13628 - 5 对电缆进行完整的电学测试。

② 水下脐带缆终端中电缆和接口的水密性测试。

③ 按照 ISO 13628 - 5 标准对钢管进行的 NDT 测试。

④ 管线的流量试验。

⑤ 管线的耐压力测试。

⑥ 液压管的清洁度验证。

5.4.4　脐带缆制造厂验收试验

供货商应安装由水下生产系统供货商提供的水下脐带缆终端，终端要与焊接、软焊接、集成过程相配合。

完整脐带缆的 FAT 需要根据 ISO 13628 - 5 的规定，每根缆线至少包括以下程序：

1）电缆

① 直流导体电阻。

② 绝缘电阻。

③ 高压直流试验。

④ 电感。

⑤ 电容。

⑥ 通信频段内衰减特征。

⑦ 远端和近端的串扰。

⑧ 特性阻抗。

⑨ 时域反射计。

2) 水下脐带缆终端

① 焊接在水下脐带缆终端配电器的电缆水密性测试需要 1.25 倍的静水压力。

② 管/铠装和水下脐带缆终端或者终端之间需要进行连续的阴极防护。

③ 液压测试。

④ 1.5 倍设计压力的抗压测试。

⑤ 抗压测试后,进行紊流状态下的流量测试,以确定缆线的集成完整,并且确定每根管道的额定流动率,检查每根脐带缆的压降,以确保低于规定的设计值。

⑥ 清洁度测试。

⑦ 完整脐带缆。

⑧ 目视检验和几何尺寸检验。

5.4.5　设备集成和系统测试

集成测试中所用的水下脐带缆终端可以只是一个模型,也可由水下生产系统供货商提供。

这些集成测试应显示脐带缆之间的物理接口、终止结构、安装索具、液压分配单元、多支管、ROV 和连接工具。

在系统测试中,测试电缆将被用于论证水下生产系统信号传输系统的合格性。

5.5　脐带缆存储、装载及运输

5.5.1　脐带缆存储

根据规范要求,工厂接收试验结束后,脐带缆应存放在转盘、卷筒或转台上,或者盘绕在储存电缆池中,直至装船。如脐带缆存储在户外,为避免损坏,需考虑温度变化等环境因素,并避免阳光直射。

同时,脐带缆需考虑储存时间问题,若脐带缆长期存放(一般超过 6 个月)和/或在极限温度中储存,应考虑长期存放对软管和钢管单元内的液体有影响。如有必要,管中的液体应更换为更合适的液体。制造商规格书应规定要求更换的液体和类型,同时应详述检查和测试的频率,以确认产品的完整性。

若脐带缆存放在卷筒上,卷筒凸缘的直径至少应超出最外层脐带缆一倍的管缆直径。卷筒的直径应考虑终端的尺寸以及弯曲加强件/弯曲限制器的限制。当脐带缆从卷筒移出时,应采用足够的反向张力,将脐带缆绕在储存卷筒上(可以用运输卷筒和/或安装卷筒),使自转产生的风险降至最小。

若储存在卷筒和传送盘上,脐带缆的层数不应对下层管缆造成破坏力。卷筒和传送盘应置放在坚固平坦的地面和安全区域,远离会产生腐蚀和/或损害产品的机械装置和/或工艺设备,远离持续工作的区域。如果允许,应架设合适的挡板,使与通行的车辆相撞所造成的损坏风险降至最低。

5.5.2　脐带缆装载和运输

在脐带缆安装完终端和完成出厂测试后,便具备了装船的条件。

在装船过程中,各阶段搬运脐带缆的职责应明确规定,在作业开始前脐带缆供应商和业主需就装船过程中的责任界面达成一致。

一般而言,陆上的装载程序应由脐带缆制造商提供。从码头开始的装船程序应由安装方制定,描述推荐做法和确定所使用的全部陆地设施。制造商应为陆地装船作业提供支持信息,这些信息应包含在安装方的操作程序内。程序中应明确说明脐带缆系统的哪一端需首先装船;在多根脐带缆装船时,应说明装船顺序。该程序应详述搬运终端、接头、弱连接、辅助设施等所用的方法和设备。

脐带缆装载前需考虑以下因素:

① 装载船舶的吃水和尺寸等限制以及与码头的匹配度。

② 脐带缆存储设施的类型和功能,如是立盘还是托盘。如果是托盘,需考虑托盘是否可旋转,如何退扭;如果是立盘,需考虑是否为吊装及吊机能力等。

③ 脐带缆传送系统和通道能力确认,通道的牵引设施和控制设施、通道的最小弯曲半径等是否满足脐带缆的要求;同时还需对现场人员和支持性功能的可用性及安全要求进行审查。

5.5.3　脐带缆的装船方式

考虑到脐带缆长度、吊装能力、码头能力、安装船舶资源和综合费用等因素,一般可选择立盘吊装、立盘导缆和托盘导缆等装船方案。

1）立盘吊装方式

脐带缆立盘吊装如图 5 – 8 所示。

图 5 – 8　脐带缆立盘吊装

2）立盘导缆方式

脐带缆立盘导缆如图 5 – 9 所示。

图 5 – 9　脐带缆立盘导缆

3）托盘导缆方式

脐带缆托盘导缆如图 5-10 所示。

图 5-10 脐带缆托盘导缆

第6章 水下管汇

通常,水下管汇系统需要实现以下功能:汇集多井生产的流体或向注水、注气井分配水或气;将生产液导入管汇主管中;包含一个或多个主管;允许将单井同主管隔离;实现管汇与其他管线的连接;保证管道系统清管连续性。

我国从"十一五"期间便开始了水下管汇国产化研制,经过10余年的自主研发与合作研发,目前国内基本具备了水下管汇集成设计、制造及测试能力,已实现水下管汇工程应用。

6.1 水下管汇类型及结构

水下生产系统是经济、高效开发边际油田、深海油田的关键技术之一,水下管汇(图6-1)是水下生产系统的重要组成部分,是整个水下生产系统的集输中心,具有体积大、重量重、集成度高、应用场合多等特点。

图 6-1 水下管汇示意

水下管汇是由汇管、支管、阀门、控制单元、分配单元、连接单元等组成的复杂系统,主要用于水下油气生产系统中收集生产流体或者分配注入流体,同时也兼具电/液分配、清管、计量、测量、修井等功能。

按水下管汇结构形式来分,主要包括三种类型:丛式管汇、基盘式管汇、管道终端管汇。

6.1.1 丛式管汇

丛式管汇(图6-2)将多口井中的流体汇集到一个或多个主管,通过外输管道进行输送,其结构由一个用于支撑其他设备的框架以及保护框架组成。各井口与管汇之间通常用刚性或柔性跨接管连接。丛式管汇一般用于井口间距不定、井口较为分散的水下生产系统,在深水海域应用较为广泛。

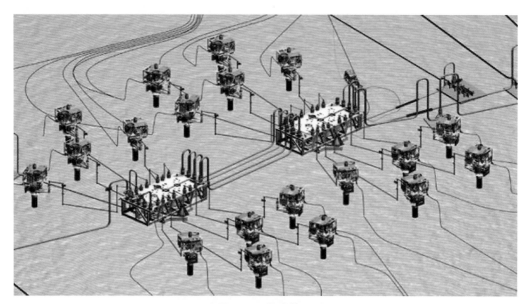

图6-2 丛式管汇

丛式管汇的优点如下:

① 钻井和水下连接及安装活动独立,不互相牵制。

② 适用于复杂的油藏系统,即井位分布不规则。

③ 部分油气井可提前投产,灵活性较强。

④ 管汇尺寸、重量相对小,对安装船舶能力要求低。

丛式管汇的缺点如下:

① 使用刚性跨接管时,安装工艺要求高;柔性跨接虽可以解决此问题,但价格高昂。

② 跨接管的制造、安装有时成为项目瓶颈。

③ 对落物和拉拽损害的防护较难实现。

6.1.2 基盘式管汇

基盘式管汇(图6-3)是将所有水下设施,包括井口设施、管汇、计量系统和清管系统等都固定在一个结构物上,管汇的结构不仅可以用来支持钻修井,而且可以支撑采油树。

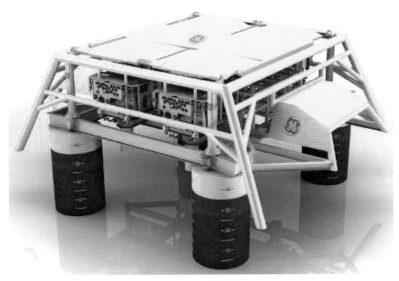

图 6-3 基盘式管汇

因井口设施固定在同一结构上,对井位、井距的要求较高;井口布置紧凑。整体基盘将井口导向基盘和流动基盘等功能整合在一起,避免了跨接管的使用,节省了许多水下安装和连接的步骤和费用。而项目开发也要遵循整体基盘制造—钻完井—采油树安装—水下回接的过程进行,投产周期长,灵活性差。

6.1.3 管道终端管汇

管道终端管汇(pipe line end manifold,PLEM)是一种经济有效、适用于多种管径管道的终端装置(图 6-4),兼具管汇和管道终端的功能,通常情况下它通过防沉板进行安装,既经济又方便。

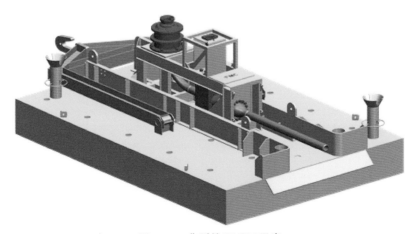

图 6-4 典型的 PLEM 示意

6.1.4　水下管汇特点对比

水下管汇的选型主要由井口槽数、井距、成本、底部支撑结构及安装、维护要求等因素决定。三种水下管汇特点比较见表6-1。

表6-1　三种管汇特点比较

特　性	丛式管汇	基盘式管汇	管道终端管汇
井口布置	分散	集中	分散
井位要求	较低	较高	较低
结构	普通	复杂	简单
灵活性	高	低	中
投产速度	快	慢	快
安装要求	水下连接较多、安装工作量大	安装精度要求高、安装船起吊能力要求高	随海管一同安装
防护能力	跨接管防护能力较差	防护能力高	需保护结构
适用条件	井口数多且井位分散	井位集中	井口数少且井位分散

6.2　水下管汇设计技术

6.2.1　设计原则

水下管汇的设计应遵循以下原则：

1）安全性

水下管汇所处的环境特殊，以及其安装、操作和维修具有高风险和高投入特点，故安全性是管汇设计考虑的首要原则。

2）经济性

管汇设计需综合考虑各种因素，在保证管汇安全性的前提下，提高整体工程开发的经济性。同时应与油田的整体开发方案结合起来，考虑管汇的后期扩展性，综合比较研究以提高油田开发的总体经济性。

3）可操作性

水下管汇设计需考虑水下管汇在模拟安装测试、水下安装、水下生产等阶段的操作可行性。

4）可靠性

采用国际成熟技术,尽量减少潜在故障点的数量,最大化地提高系统的可靠性。

5）可维护性

在功能设计满足要求的情况下,尽可能使水下管汇便于现场维修及维护。

6.2.2 系统设计

1）井口数量

井口数量将影响管汇尺寸以及管汇设计。在设计中,应适当考虑设置预留井槽来应对油藏开采方案变化、钻井问题以及其他不可预见的生产要求。

2）井间距

井间距主要由钻井和生产设备类型、尺寸、管汇功能需求、后续维护及检测要求等决定。设计时需考虑管道、井口头连接器及其安装工具、邻近的防喷器以及采油树空间需求,同时也要提供检测及维护工作的通道。

3）维护

维护是系统设计中的关键因素,在基盘及管汇系统设计时需尽早考虑维护方案。需考虑的因素包括潜水员辅助或遥控维护方法、部件回收要求、距离海床的高度,以获得足够的能见度等要求。

4）隔断原则

需要在水下管汇外部连接点处设置双重承压隔断来防止带压系统向外部泄漏。

5）安全

对管汇系统所有阶段和使用中存在的安全风险进行考虑是十分重要的,这些阶段包括:建造,测试,运输,安装,运行以及回收。

6）外部防腐设计

外部腐蚀控制可通过合适的材料选择、涂装系统以及阴极保护实现。设计阶段需制定腐蚀控制方案,并纳入系统设计中。

6.2.3 工艺设计

水下管汇的工艺设计需根据油(气)田开发方案要求,对水下管汇进行设计和优化,使其技术性和经济性更加合理,在满足管汇功能的前提下,应尽量简化设计,提高可靠性。

水下管汇压力等级设计有两种方式:全压设计及降压设计。

1）全压设计

水下管汇全压设计指管汇压力等级直接与关井压力一致,这种方式可靠性较高,可以防止油气输送瞬时压力高于工艺计算所得的设计压力的情况。同时,全压设计方式会增加管汇整体设计费用。

2）降压设计

水下管汇降压设计指根据工艺计算结果得出管汇设计压力，设计压力低于关井压力，这种方式大大降低了管汇费用，但需要安装高完整性压力保护系统对下游管道进行保护。

水下管汇温度设计原则通常需根据油气井口最高温度、环境最低温度及节流阀节流引起的降温效应选择管汇的温度等级。

6.2.4　配管设计

1）总体要求

① 配管系统在油嘴后宜有一定长度的直管段，以避免在弯头、连接器密封/接触表面、传感器及类似部位产生严重冲蚀破坏。直管段的最小长度宜为配管内径的7倍。

② 水下管汇管道布置应留有足够空间进行阀门、流体监控设备布置，以保证生产液安全收集或化学药剂的分配注入等功能。

③ 确定管道尺寸时要考虑流速，以减少压降并控制流动造成的冲蚀。

④ 确定壁厚时需考虑内部冲蚀及腐蚀裕量。

⑤ 制造过程中需考虑无损检测操作的通道。

2）配管规范

水下使用的配管系统规范包括 ASME B31.8、ASME B31.4、ASME B31.3、ASME Ⅷ、DNV‐OS‐F101、DNV‐RP‐F112 或者 API RP 1111。对于管汇设计，可采用一个或多个规范。

3）清管

管汇清管测径时，测试通径规直径为公称内径的95%。所有可清管的管道最小弯曲半径应当为3倍公称内径，应考虑内径偏差、管件间距和特殊的支管连接。

4）冲蚀

配管中产生冲蚀的临界流速可根据 ANSI/API RP 14E 进行计算。计算结果可用来确定临界生产速度，以及计算主管道所需的冲蚀裕量。

5）流动保障

管汇设计应避免或减少低点、死端以及可能积液的区域。

6.2.5　载荷

1）外部载荷

（1）设计载荷

需确定在建造、储存、测试、运输、安装、钻完井、作业以及拆除等阶段中，能够影响水下生产系统的所有载荷。偶然载荷可包括落物、拖挂载荷（渔具、锚），异常环境载荷

（地震）等。

（2）拖挂载荷

用于承受拖网载荷和落物保护的水下结构物的设计应基于 ISO 13628 - 1 和 NORSOK U - 001 的要求。

每个项目在设计阶段应进行针对该油气田的特定调查，来确定使用增强拖网保护的要求。

2）热效应

设备设计应能在其额定温度范围内正常工作，包括考虑套管头、井口头的热膨胀裕量。

3）基盘

对于基盘结构，如钻井载荷能传递到该结构，则该结构应能承受所有 ISO 13628 - 1 中提到的相关载荷，包括钻井载荷、套管热膨胀、钻井及热膨胀组合载荷、连接载荷和出油气管道膨胀载荷、冲击载荷等。

6.2.6 结构设计

1）底部框架/导向基座/支撑结构

结构应将所有设计载荷从接口系统和设备传递到基础系统。

井口系统对导向框架/底部框架产生的载荷取决于下列因素：

① 井口系统土壤条件和轴向刚度。

② 底部框架抵抗垂向变形的结构设计和刚度。

③ 结构/井口接口设计和柔性公差。

④ 套管热膨胀。

结构应保证子系统相应接口之间具有足够的调正能力，如井口/生产导向基盘、水下采油树/管汇和配管系统，管汇/管道终端和安装辅助，保护结构（如相关）和其他相关接口。

水下结构可固定/锁定在井口系统，或者不直接连接到井口头上，与其分离。因此相应的配管通过使用井口头模块及管汇模块内部的柔性进行连接。

结构物应允许由其支撑的设备在岸上进行装配和测试。

井口支撑结构一般为导管头（低压井口头）提供引导/着陆/锁定功能，同时也为防喷器组在相应井口头安装和着陆以及同旁边的水下采油树之间提供足够的空间。

2）保护结构

保护结构需考虑以下要求：

① 保护结构的尺寸应考虑建造、安装以及操作要求。

② 尽量减小保护结构的高度，减少吊高需求。

③ 高度应保证保护结构顶部落物冲击后引起的变形不会导致其与内部的生产设备

产生接触。

④ 应提供 ROV 通道用于检测及操作任务。

⑤ 盖板的布置不应妨碍 ROV 接近管汇、其他被识别的操作区域或者邻近的采油树。

⑥ 盖板应独立可回收。

⑦ 保护结构应便于所有适合的管道连接系统连接。

⑧ 盖板可通过直接和/或间接拉力实现开/关操作。

6.2.7　基础设计

基础设计应基于具体位置的土壤条件,可采用的基础形式包括防沉板、裙板、打入桩、吸力桩、导管或其组合。

基础设计应考虑如下因素:

① 海床坡度,安装公差以及可能的冲刷影响。

② 重新定位或者调平引起的吸力载荷。

③ 使用基础系统作为井口支撑结构,采取支撑/锚固在井口导管头。

④ 对于基础及裙板系统,考虑到起吊稳定性以及土壤冲刷,设置通过飞溅区过程中空气逸出装置以及贯入海床时排水装置。

⑤ 用于可自贯入的带裙板基础的结构设计。

⑥ 考虑用于裙板系统最终贯入、调平以及移除前基础松动的抽吸海水设备。吸入及泵送系统宜基于选定的操作策略进行操作。

⑦ 结构沉降。

基础设计应能够承受来自出油(气)管道、短管、管道、脐带缆及其他出油(气)管道连接的载荷。

吸力桩的考虑因素包括设计考虑因素和建造考虑因素。

设计考虑因素包括:封闭与开放顶部的选择,包含影响表面摩擦的内部环状筋板,安装公差(如倾斜、方向定位),安装位置之间距离,避免移动已受到扰动的土壤。

建造考虑因素包括:桩直径,壁厚,桩长度,圆柱度,圆度,直线度。

6.2.8　仪控设计

水下管汇仪控设备要求应满足水下应用标准,如 ISO 13628 - 8、ISO 13628 - 4 等,同时要求满足水下作业的特殊性要求,如系统采用开式复合电液控制,可以节省脐带缆初始投资。如果水下管汇中需要的远程控制阀门较多,在水下管汇上一般需设置一个水下控制模块 SCM,水下管汇上的温度、压力监控数据由 SCM 远程传送到上部控制设备,如图 6 - 5 所示。

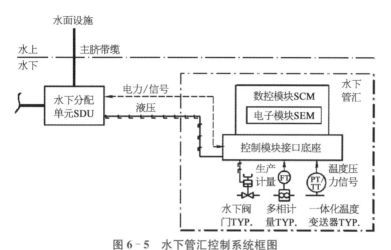

图 6-5 水下管汇控制系统框图

1) 水下关断阀

水下关断阀的阀门类型有水下球阀和水下闸阀,如图 6-6 所示。

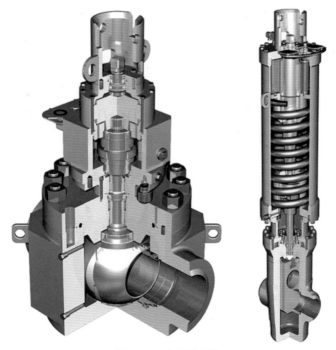

图 6-6 水下关断阀

水下阀门一般遵循的标准有 API 6DSS、API 6A 和 API 17D,通常水下球阀遵循的标准为 API 6DSS。球阀尺寸范围为 $2''\sim60''$,压力等级为 ANSI $150\sim2\,500$。而水下闸阀一般遵循 API 6A 及 API 17D 的要求。

水下管汇主管一般有清管要求,球阀相对于闸阀更宜于进行清管操作,另外由于水下管汇主管尺寸相对较大,大尺寸的闸阀需要较大的执行机构,其重量及体积远远大于水下球阀。由上可知,考虑大口径及清管因素,主管阀门宜选择球阀。

2) 执行机构

水下执行机构通常有两种类型:ROV 操作执行机构及液压操作执行机构,如图 6-7 所示。

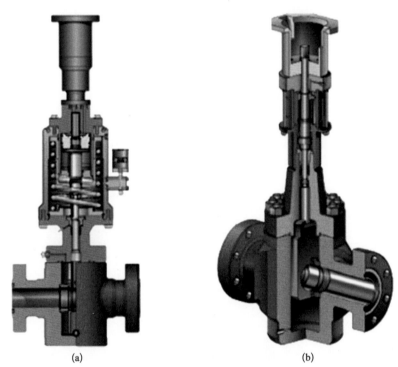

图 6-7　水下执行机构的两种形式

(a) 液压操作式;(b) ROV 操作式

水下执行机构应符合下列设计要求:

① 应按照 ISO 13628-4 第 5 章节选择执行机构的作业等级,考虑额定压力、温度等级和材料类别。

② 控制安全阀的执行机构应设计和规定弹簧最小平均寿命周期为 5 000 次。

③ 设计应考虑海洋生物、污垢、腐蚀、液压工作流体和井内气液流体(如暴露)对执行机构的影响。

④ 除非另有要求,所有执行机构需安装位置指示器,位置指示器应清楚显示阀门开关位置(开/闭和满行程),以便潜水员/ROV 观察。

⑤ 对于扭力工具操作式执行机构,逆时针旋转为打开阀门,顺时针旋转为关闭阀门。

⑥ 对于手动阀门线性推进工具,应设计为推按为打开阀门,收拉为关闭阀门。

3）水下传感器

水下传感器的基本要求如下：

① 要有可靠的密封，安装方式要防止流体介质泄漏。

② 要有足够承受海水外压的强度，同时也能适应介质内压的要求，适应不同水深压力变化对传感器内部结构和特性的要求。

③ 电缆接口及电气接口形式要符合国际通用的深水接头设计。

④ 安装方便，终身免维护。水下维护困难，要求传感器的性能良好、使用寿命长。

⑤ 外部结构及加工工艺合理，耐海水和海洋生物的腐蚀等，满足在水下长时间工作的要求。

⑥ 具有故障报警功能。

⑦ 选择传感器时，为减少接口数量，降低泄漏风险，建议选择一体式温压传感器。

6.2.9　其他部件

水下管汇由一系列的部件构成，如阀门、控制部件及连接器。其他的规格书、规范、推荐做法涵盖管汇系统的所有部件。这些部件应依据适用的规格书、规范、推荐做法进行设计、建造、测试以及合格鉴定。适用于管汇部件的工业标准见表 6-2。

表 6-2　适用于管汇部件的工业标准

部　　件	工　业　规　范
生产/注入阀门	ISO 10423 或 API 6A ISO 13628-4 或 API 17D ISO 14313 或 API 6D
油嘴	ISO 10423 或 API 6A ISO 13628-4 或 API 17D
控制部件	ISO 13628-6 或 API 17F
端部连接器	ISO 13628-4 或 API 17D
法兰	ISO 10423 或 API 6A ISO 13628-4 或 API 17D

6.3　水下管汇建造技术

6.3.1　概述

水下管汇服役环境为深海，由于其特殊性，管汇结构与海洋工程钢结构制造存在许多差异。

在设计使用寿命内,水下管汇一旦破坏很难修复,这样将造成巨大的损失,因此对质量的要求极其严格,特别是在施工过程中重要的环节对焊接质量的要求更为严格。带压管线要求100%无损探伤,同时要制定措施严格控制影响焊接质量的各个环节。严格控制材料验收、存放保管、组对清理、焊接施工、检验等各个环节以达到高标准的焊接质量要求。

水下管汇安装环境复杂,制造精度要求高,需对施工过程中的重量、重心和尺寸进行严格控制,保证管道和结构的制造偏差满足要求。由于施工过程要求非常严格,需要加强现场管理工作,在保证安全的基础上能够顺利将制造加工要求实施到位。

水下管汇处于深海环境中,全浸区腐蚀性较强,维修费用很高,所以不仅结构要求采用高性能防腐蚀涂料保护,对材料本身也有较高的耐腐蚀要求,而且结构中的薄弱处焊接接头的耐腐蚀性也要满足设计要求。焊接工艺评定及焊接施工过程中对焊接材料的选择均要考虑水下管汇结构耐腐蚀性的要求。管线材料多选择耐腐蚀性好的耐腐蚀合金材料如双相不锈钢、超级双相不锈钢等,或者采用碳钢覆焊耐腐蚀合金的复合管线。

总之,水下管汇的制造技术和工艺是围绕水下管汇焊接质量要求高,重量、重心和尺寸要求严格且控制腐蚀要求高等特点而展开的。

6.3.2 建造基本要求

① 结构建造过程中,所有使用的材料必须遵循 API RP 2A 或者其他与之相关联的说明、标准、规范。

② 从下料开始,在建造的整个环节,所使用的材料标识一定要清晰可辨。

③ 在已经安装完成的设备或者结构附近施工时,为了防止焊渣、火焰切割的熔渣等对其造成破坏,在施工之前必须采取一定的保护措施。

④ 由于室外天气的变化会对材料的保护造成一定的影响,而且室外环境的灰尘等会降低焊接质量,因此建造工作必须在室内进行。

6.3.3 水下管汇焊接工艺

1) tubing 管焊接工艺

(1) tubing 管的材料

水下管汇中 tubing 管要考虑苛刻环境下的密封要求,需采用焊接方式连接。tubing 管的材料为耐腐蚀性材料,有 625 合金、双相不锈钢 2205、超级双相不锈钢 2507、奥氏体不锈钢 316L,其管径和壁厚都较小。

(2) tubing 管的焊接工艺

管线直径越小越难焊接,而且 tubing 管线要求 100% RT 检验,如果存在缺陷必须进行割口处理,焊接施工难度非常大。可采用专门的轨道式全位置自动焊接方法。该焊接工艺为自熔型全自动氩弧焊,小壁厚不用填充金属,直接熔化母材焊接管线。

（3）tubing 管焊接工艺评定试验

tubing 管焊接工艺评定遵循 ASME Ⅸ 焊接标准要求。采用专门焊接设备进行焊接,焊接工艺评定试验需要一定数量的具有耐腐蚀性要求的试验管材。双相不锈钢的tubing 管需要进行点蚀、相比例及化学成分分析等试验。

（4）tubing 管焊接施工要求

tubing 管的焊接质量要求高,要求 100% RT 检验,要求有较高的一次合格率。材料接收要严格控制。自动焊设备对管线组对要求很高,要严格控制组对质量。从管线清理到组对施焊,只有上一个环节合格后才能进入下一个环节,否则会导致最终焊接质量不可接受。

2）复合管线焊接工艺

（1）复合管线材料

常用复合管线为碳钢覆焊 625 合金,例如 API 5LX70 ＋625 合金、API 5LX60＋625 合金、4130 ＋625 合金、8630＋625 合金。625 合金为高耐腐蚀性的镍基合金,具有极高的耐局部腐蚀、耐点蚀、耐缝隙腐蚀的能力。最小厚度为 3 mm 复合层 625 合金保证管线具有较高的耐腐蚀性能,而基层碳钢材料为管线提供所需要的强度。

（2）复合管的焊接工艺

复合管的焊接工艺较难,焊接既要保证合格的机械性能,同时要满足复合层较小的稀释率,保证焊接接头合格的耐腐蚀要求。由于焊接过程热循环会造成焊接接头组织性能不均匀,从而使焊接接头的机械性能和耐腐蚀性能降低。如何保证焊接接头的机械性能和耐腐蚀性能是焊接复合管的关键所在。不良的焊接工艺、不合适的焊接材料都会破坏焊接接头的耐腐蚀性能,造成焊接接头具有比母材快的腐蚀速率。

（3）复合管焊接工艺评定试验

复合管焊接采用 ASME Ⅸ 标准,基本变数按照标准进行试验。返修需要单独评定,焊接方法仅限于 SMAW 和 GTAW。焊接工艺评定需要进行耐腐蚀试验,例如HIC、SCC 试验。

（4）复合管焊接施工要求

① 复合管线的焊接施工不能破坏耐腐蚀层。

② 切割采用等离子或者机械切割的方式。

③ 焊接接头必须清理,特别是复合层材料要采用丙酮、乙醇等溶液进行清理,待溶液干燥后才可以开始焊接。

④ 焊接严格检查坡口,坡口及管内表面及外表面两侧至少 25.4 mm 需要采用 VT和 PT 方法进行检验。

⑤ 焊接方法仅限于质量可靠的 GTAW 和 SMAW。

⑥ 焊接过程严格按照焊接工艺参数执行,防止过大的热输入量对接头组织性能产生影响。

⑦ 所有的焊接设备必须经过校验并在有效期内使用。焊接过程中,对焊接电流电压等参数必须进行监督检查。

⑧ 任何返修都需要经过业主批准,且必须有准确的记录文件。不允许同一位置的二次返修。

3)耐腐蚀合金焊接(双相不锈钢 2205、超级双相不锈钢 2507)

(1)材料

因为具有较高的强度以及优良的耐腐蚀性能,耐腐蚀合金 CRA 材料、双相不锈钢 2205 及超级双相不锈钢 2507 在水下设备中的应用越来越广泛。

(2)焊接工艺

采用 GTAW 及 SMAW 的焊接方法可以得到可靠的焊接质量。一般小管径小壁厚采用纯 GTAW 工艺,厚度大于 15 mm 的管线采用 GTAW 封底+SMAW 填充盖面的工艺进行焊接。根据管材规格[直径大于 8 in(20 mm)、厚度大于 25 mm 的管线]及焊工情况酌情考虑使用高效的焊接工艺,如 SAW。

(3)焊接工艺评定试验

工艺评定试验遵循 ASME Ⅸ进行。根据规格书要求试验材料和工程用材料一致,而且材料的制造厂家及制造工艺改变都作为焊接工艺评定的基本变素,因此每一个项目都需要重新进行焊接工艺评定。水下管汇项目焊接试验要求最大限度地模拟现场实际情况,以保证焊接质量。对于双相不锈钢试验要求进行$-46℃$冲击试验和相比例试验,对于超级奥氏体不锈钢要求进行点蚀试验和相比例分析试验。

点蚀试验根据 ASTM G48 方法 A 进行,在 50℃的恒定试验温度下保持 72 h。可接受的标准是:放大 20 倍无点蚀现象;失重小于 $4.0\ g/m^2$。

微观检验,铁素体相根据标准 ASTM E562 测量在 35%～55%范围内。微观检验放大 400 倍无第三相和沉淀相。

(4)焊接施工要求

双相不锈钢对铁基材料的污染非常敏感,任何表面的污染都会导致母材表面的点蚀,加快材料的腐蚀速率,减少材料的使用寿命,而这种污染从外观检查是无法发现的。如果将这种被污染的材料放到深水环境中,未到使用寿命就发生了严重腐蚀,甚至由于腐蚀造成泄漏,后果很严重。所以双相不锈钢施工一定要清洁干净,从各个角度防止它被铁基材料污染。

① 应该在单独的专门焊接不锈钢的车间进行焊接施工,车间保持整洁干净,配备不锈钢专用的辅助施工设备。工具材料为非金属材料或者不锈钢材质,并在工具上明确标识不锈钢材料专用,防止与铁基材料相混。

② 当怀疑有铁元素的污染时,要采用硫酸铜进行测试以排除铁元素的存在。采用

硫酸铜测试后必须用水清洗,保证所有含铜的溶液都被清理掉。

③ 锤击焊缝金属或者管子是不允许的。

④ 焊接必须对坡口进行清理,必要时采用丙酮或乙醇溶液进行清理。管子两侧至少 50 mm 范围内要打磨干净。

⑤ 严格执行焊接工艺,层间温度控制在 150℃,热输入量控制在 0.5~1.5 kJ/mm。

⑥ 焊接完成至少两层后方可移动管子。

4) 结构材料的焊接

(1) 结构材料

水下管汇的结构材料为碳钢,可选用的材质很多,既可以是欧标也可以是美标等材料。

(2) 结构焊接工艺

为了保证焊接质量,结构焊接采用 SMAW 焊接工艺,制管采用 SAW 埋弧焊工艺。能双面焊的必须双面焊接。

(3) 结构焊接工艺评定试验

项目开工前必须进行新的工艺评定试验。返修需要评定,角焊缝也需要单独评定。试验数量较常规项目多。

(4) 结构焊接施工要求

结构材料的焊接虽不如管线焊接的要求严格,但是焊接质量同样重要,施工环节的控制仍然严格执行相关标准。对结构焊接施工的要求和常规海洋钢结构类似。特别是焊材控制环节需要认真执行。

6.3.4 水下管汇建造工艺

1) 水下管汇结构特点

水下管汇主要由主结构、管汇及阀门、连接器、控制模块、流量监测装置等构成(图 6-8)。与水面上的常规结构物相比,水下管汇的结构紧凑,内部空间小且管汇接口较多,其中含有较多的阀门等控制装置及检测装置,在建造中必须保护这些装置的完整性。

考虑到以后在水下安装时水深较深,对结构的重量、重心和尺寸要求严格,建造时过程控制尤为重要。同时,由于采用的高强度管材且壁厚较大,给管的焊接和检验带来了一定的困难,深水结构对防腐的要求更为严格,在建造过程中管道表面不允许有焊渣等腐蚀,也不允许存在伤痕,在建造过程中对管汇的保护是必要的。

2) 水下管汇的建造方法

目前对水下管汇的建造主要有以下两种常见的方法:

(1) 管汇整体建造,主结构分别插入

此种方法适用于整体结构尺寸较小、管汇结构复杂、主结构内部空间不足的水下管

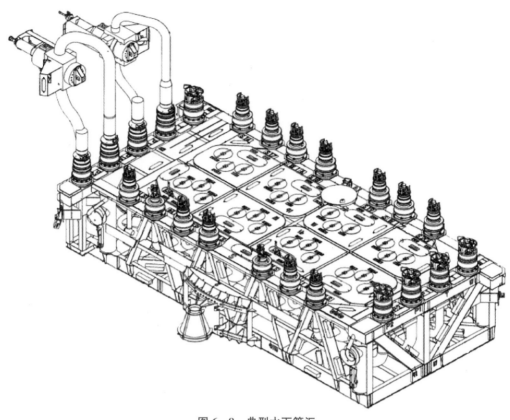

图 6-8　典型水下管汇

汇。这类管汇建造时由于内部空间小，不方便展开管汇的焊接等作业，因此，管汇只能以整体进行建造。

（2）主结构整体建造，管汇分别插入

此种方法适用于整体尺寸较大，内部有足够的作业空间便于施工的这一类管汇的建造。因为主结构可以整体预制，所以对于主结构建造来说比较方便，尺寸控制较为简单，防腐工作相对比较容易。由于空间足够，对于管汇的焊接质量能够保证。但是这种建造方法只适用于满足要求的结构，具有一定的局限性。

6.3.5　重量、重心和尺寸控制

在钢结构建造完成后，由于场地施工条件的限制和施工精度的影响，实际结构的重量和尺寸与最初设计有所差别，在此，将分析误差产生的原因及其控制方法。

1）重量、重心控制

在结构建造过程中，重量及重心的误差可能由以下原因造成：

① 模型的重量都不包括焊缝的重量，结构建造完成后会使总体重量增加，因此，模型的重量、重心并不是准确的。

② 杆件在下料过程中,由于切割机器的精度,结构件下料尺寸存在一定的误差。

③ 新增结构。

④ 材料的替代。

重量控制方法主要有:

① 预估焊道长度,根据焊道估算焊缝的重量。

② 采用新型的机器人下料切割机下料,提高切割精度。

③ 新增结构和材料替代会对整体结构重量产生较大的影响,对于新增结构应及时更新图纸,材料替代应上报业主,经过业主批复。

在预制过程中,需按材料清单核算结构重量,该重量应与设计重量相一致。结构组对完成后可进行称重,结构最终总重与按材料清单核算的重量之差应控制在结构总重的 5% 以内。

2) 尺寸控制

结构尺寸误差产生的原因主要是焊接变形和组对误差。采取如下方法来对尺寸进行控制:

① 针对焊接变形,主要是改变焊接顺序,选择一个合理的焊接顺序能够减少一定的误差。

② 结构件的组对主要是通过现场划线和现场测量来保证组对精度。

每一根杆件从下料开始直到组对,都通过现场切割工人和检验人员填写过程尺寸控制表,并拍摄照片,来控制现场加工的过程。

由于该结构可拆分成上述规则矩形分片,预制时保证分片的对角线与理论尺寸需控制在规范的要求之内。

结构分片整体组对时需再次测量结构的整体尺寸,保证结构的平面度及长度符合规范要求,尤其是上下结构组对时,对于管的错皮度一定要满足规范的要求。

管和大小口预制时需保证钢管的直线度、同心度、椭圆度、端面垂直度等满足规范和规格书中要求。

6.4　水下管汇测试技术

6.4.1　遵循标准

水下管汇的测试应遵循下述规范和标准:

① 2011ZX0502600303 - MANIFOLD - SPC - PI - 1004《水下管道建造规格书》。

② ISO 12628 - 1《石油天然气工业 水下生产系统的设计与操作 第 1 部分：一般要求和推荐做法》。

③ ISO 13628 - 15《石油天然气工业 水下生产系统的设计与操作 第 15 部分：海底结构及管汇》。

④ ISO 13628 - 6《石油天然气工业 水下生产系统的设计与操作 第 6 部分：水下生产控制系统》。

⑤ SAE AS 4059《液压冲洗液清洁度级别规范》。

⑥ ISO 13628 - 4《石油天然气工业 水下生产系统的设计与操作 第 4 部分：水下井口装置和采油树设备》。

⑦ API 17D《水下井口和采油树设备规范》。

6.4.2 测试内容

水下生产系统测试技术主要研究内容为：

① 单元测试。

② 工厂接收测试。

③ 系统集成测试(system integration testing，SIT)。

1）单元测试内容

单元测试用于证明材料等满足特定要求。

① 单元由哪些材料、元件/零件和部件组成。

② 各材料、元件/零件和部件的测试要求。

③ 各材料、元件/零件和部件的测试内容。

④ 各材料、元件/零件和部件的测试方法。

对于外购的材料和零部件的性能需要由材料和零部件的供应商提供由第三方认证的能证明产品性能的验证证书。

2）工厂接收测试内容

工厂接收测试用于证明组件或设备满足特定的功能和性能要求。通常情况下，包括如下测试内容：

① 管汇外观及尺寸检查。

② 管道清管和通球测试。

③ 阀门功能测试。

④ 工艺管道系统的水压测试、连接器和球阀的密封性能测试及温压一体传感器测试。

⑤ 阀门的开启扭矩值测试。

⑥ 主管道工艺系统流程测试。

⑦ 液压控制回路的压力测试。

⑧ 液压控制回路的冲洗及清洁度测试。

⑨ 电连接性测试。

⑩ 通信功能测试。

3）系统集成测试内容

系统集成测试主要用于验证水下管汇的技术完整性（功能和界面）。通常情况下，包括如下测试内容：

① 水下管汇连接器的安装。

② 清管器发射器/接收器的安装。

③ 阀门的 ROV 接口及扭矩工具界面验证。

④ 管汇的防腐监测测试。

⑤ 电飞头可操作性测试和 ROV 操作界面验证。

⑥ 液飞头可操作性测试和 ROV 操作界面验证。

⑦ 压力帽连接压力测试。

⑧ 液压控制回路的管线冲洗。

⑨ 管汇控制系统功能测试。

⑩ 管汇水下安装索具的陆地验证。

⑪ 水下管汇预安装测试。

⑫ IWCOS 操作功能测试（如需要）。

⑬ 脐带缆连接测试（如需要）。

6.4.3　水下管汇测试主要装备

1）ROV

ROV 是深水管汇安装不可缺少的辅助设备。由于深水施工已经不能借助潜水员的手工操作，因此，在深水管汇安装中，有一部分水下工作，如管接头连接、飞头连接和手动阀门操作必须依靠 ROV 完成。如果条件不具备，则可使用 DUMMY ROV 进行操作测试。

2）测试液压单元（HPU）

测试液压单元主要用来为水下管汇提供液压动力供给，使其能够进行相应的功能操作，如：液压控制系统的内压和泄漏试验、操作阀门的动作试验、液压管路的冲洗试验。

3）管汇通球测试用设备（如适用）

用来模拟海底管道连接完成后进行的清管动作。确保水下管汇在清管过程中无任何堵塞现象。

4）压力测试设备

用于进行管汇压力试验，压力测试设备由试压泵、试压管线、连接阀门、仪表、法兰等设备组成。

水下生产系统关键技术及设备

第7章　水下阀门及执行机构

水下阀门是安装在海底管道及水下结构物内管道(包括油气管道及化学药剂注入管、液压管等)上的流体控制部件。

水下阀门能够实现的功能包括:导通、截断物流(开关阀),调节物流流量、压力(调节阀,如油嘴),在多路分支之间进行切换(多路选择阀)等。

水下阀门工作环境苛刻,且要求的可靠性高(15~25年免维护),属于附加技术含量较高的产品。目前全球海底管道应用的水下阀门市场多被Cameron(OneSubsea)、ATV、Petro Valve、Magnum等公司占领,国内还没有成熟的生产商。"十二五"以来,随着国家海洋战略的提出以及国内海上油气由浅海向深海的跨越,虽然国内厂家已着手开发相关产品,但适用于500 m及以上水深,同时具有液压及ROV控制功能的国产化水下阀门及执行机构仍没有成熟产品,需要继续进行技术攻关,以及在国内建立相关关键零部件供应链。

本章以国家科技重大专项项目研究成果为基础,分别对水下闸阀、水下球阀、水下闸阀执行机构、水下球阀执行机构进行简要介绍,并对产品研发过程中形成的各项关键技术进行简述,最后对水下阀门及执行机构产品的性能鉴定测试进行详细介绍。内容涵盖水下闸阀、水下球阀、水下阀门执行机构研发过程中形成的设计、制造及测试关键技术。

7.1 水 下 阀 门

7.1.1 阀门类型

按照国际标准规范的规定,根据关闭件的不同,水下阀门的类型主要包括闸阀、球阀、旋塞阀、单向阀。其中每种主要类型又分为多种子类型。

目前,针对油气输送管道应用最为广泛的是水下闸阀和水下球阀。

闸阀依靠闸板同阀门上游、下游阀座之间的密封面实现密封。闸板厚度不会发生变化,且两闸板密封面平行的闸阀称为平板闸阀。闸板厚度受阀杆升降运动影响,受挤压后向阀门内部两侧流道扩张的称为膨胀式闸阀。目前水下最为常用的是平板闸阀。国际标准中水下闸阀的主规范为API 6A和API 17D。

球阀依靠阀球同阀门上游、下游阀座之间的密封面实现密封。根据阀体结构的不同主要分为顶装式和侧装式。顶装式球阀结构对称,在使用过程中不易由于内部流体温度变化或阀门在管道上的安装误差受附加扭矩影响。但是该结构的球阀加工、装配难度较大,要求的技术水平较高。侧装式球阀与顶装式球阀相反,在使用中易受附加扭矩影响,但技术水平相对要求低,产品价格相对较低。

典型的水下闸阀、水下球阀如图 7－1 所示。

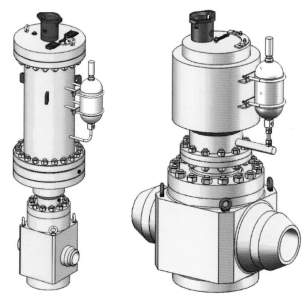

图 7－1　水下闸阀及球阀(带执行机构)

　　阀体结构可以采用法兰连接,也可以采用全焊接式。其中法兰连接便于装配调整,对装配要求相对较低。全焊接式阀门对装配、焊接要求较高,必须一次成功,且无法进行调整,因此使用较少。

　　水下阀门同管道之间的安装方式主要有平法兰连接、环法兰(RJT 法兰)连接以及焊接连接。法兰连接安装灵活,在浅水应用中可以通过潜水员实现调整。但相对焊接连接方式,两处法兰连接存在泄漏风险。因此法兰连接多应用在浅水工况,焊接连接多应用在深水或对安全性要求较高的工况。平法兰由于密封能力相对 RJT 法兰较差,多应用在低压、对安全性要求较低的工况。

　　从发展历史上看,API 6A 闸阀在第一次海底勘探钻井时就开始应用,当时典型的阀门通径为 $3\frac{1}{16}$ in(1 in＝2.54 cm),压力为 3 000 psi(1 psi＝6.894 76×10³ Pa)或 5 000 psi。

　　现在水下阀门一般遵循 API 17D 标准,即通常所说的带有附加要求的在海底应用的 API 6A 阀门。API 17D 在 API 6A 的基础上增加了水下使用的标准。最为常见的北海采油树通径尺寸为 $5\frac{1}{8}$ in、工作压力是 5 000 psi。位于墨西哥湾的采油树通径为 $4\frac{1}{16}$ in。随着向更深的水域发展,工作压力 10 000 psi 变得普遍起来,甚至达到 15 000 psi,且工作压力还有可能持续上升。

　　随着深海石油和天然气领域的日益发展,对更大孔径、更高耐压阀门的需求日益增加。密封件和材料技术的革新,使得球阀的可靠性已达到较高水平。因此出现球阀逐渐替代传统闸阀的趋势。

7.1.2 水下闸阀

水下闸阀是最早应用于水下油气生产的一类阀门,历经将陆地使用的普通闸阀直接应用到湖泊油气生产,在实践中进行优化、修正后反复进行迭代后应用到海洋油气生产,并由浅水向深水逐步演化的过程。

相对球阀,闸阀应用时间更长,技术也更为成熟。因此目前水下采油树上油气生产通道上的主要阀门均采用闸阀。在水下管汇连接采油树的支路上,也通常采用闸阀。

水下闸阀的外形如图7-2所示。

7.1.2.1 设计关键技术

1) 设计输入的确定

水下阀门设计的基础是根据用户需求确定设计输入。对水下闸阀,需要确定的内容应至少包括:遵循的标准;设计水深;流体介质压力;设计温度,包括水温、流体介质温度;流道通径;阀门操作形式;设计寿命。

根据设计输入,需结合遵循的标准确定阀门的具体规格后,根据标准要求开展设计工作。

2) 阀座与闸板密封方案

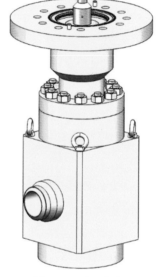

图7-2 水下闸阀

阀座与闸板的配合密封,通常采用的密封形式有两种:金属对金属的硬密封和金属对非金属的软密封,其各自特点见表7-1。

表7-1 阀座与闸板的密封形式对比

密封形式	结构特点
 金属对非金属	(1) 非金属密封对阀座的加工质量、形位精度、热处理工艺等技术要求相对硬密封阀座要低很多,便于加工、操作,制造成本低; (2) 非金属密封材料的耐腐蚀性高; (3) 非金属材料的表面硬度低,耐磨性差,其使用寿命没有硬密封长; (4) 常用的非金属材料在低温、高温环境下如受到高压力作用易发生冷挤流现象,使密封失效

（续表）

密　封　形　式	结　构　特　点
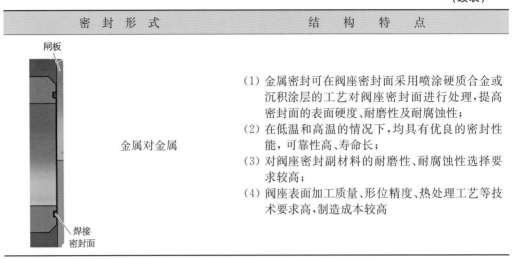 金属对金属	（1）金属密封可在阀座密封面采用喷涂硬质合金或沉积涂层的工艺对阀座密封面进行处理,提高密封面的表面硬度、耐磨性及耐腐蚀性; （2）在低温和高温的情况下,均具有优良的密封性能,可靠性高、寿命长; （3）对阀座密封副材料的耐磨性、耐腐蚀性选择要求较高; （4）阀座表面加工质量、形位精度、热处理工艺等技术要求高,制造成本较高

由于油气介质中必定会含有砂砾等杂质,在阀门开关过程中,杂质会被介质压送到配合密封面,对阀座密封面产生磨损;通常非金属密封材料(PTFE、PEEK)的硬度要比砂砾的硬度低,耐磨性差,非金属密封件极易受到损伤。

在阀门的实际工程应用中,金属对非金属密封形式的阀门常用在介质中无杂质的工况。

3）阀杆密封方案

阀杆的密封主要有单向密封和双向密封两种方案,其各自特点见表 7-2。

水下阀门需要工作在同时具有外部水压以及内部介质压力的工作条件下,因此通常采用双向密封形式。

4）阀杆密封填料选择

阀杆密封通常采用的填料有石墨盘根、平垫、V 形填料等,其各自特点的对比见表 7-3。

表 7-2　阀杆密封形式对比

密　封　形　式	结　构　特　点
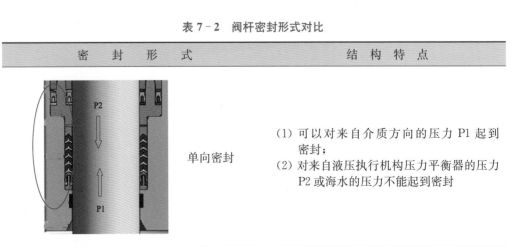 单向密封	（1）可以对来自介质方向的压力 P1 起到密封; （2）对来自液压执行机构压力平衡器的压力 P2 或海水的压力不能起到密封

密　封　形　式	结　构　特　点
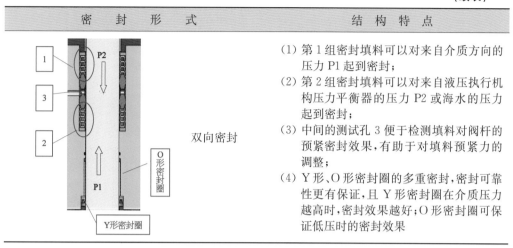 双向密封	（1）第 1 组密封填料可以对来自介质方向的压力 P1 起到密封； （2）第 2 组密封填料可以对来自液压执行机构压力平衡器的压力 P2 或海水的压力起到密封； （3）中间的测试孔 3 便于检测填料对阀杆的预紧密封效果，有助于对填料预紧力的调整； （4）Y 形、O 形密封圈的多重密封，密封可靠性更有保证，且 Y 形密封圈在介质压力越高时，密封效果越好；O 形密封圈可保证低压时的密封效果

表 7－3　阀杆密封填料对比

类　型	特　　点
盘根	属于强制密封件，在一定条件下密封性尚好，但所需压紧力大，受振容易松弛，当压紧力减小时，密封失效
平垫	属于强制密封件，要求材料强度高，弹性好，压紧力大，否则容易产生界面泄漏和渗透泄漏
V 形	属自紧式密封件，不需要较大的压紧力就能密封，密封性能好，能耐高压，寿命长；耐冲击压力和震动压力，当填料不能从轴向装入时，可以切口使用

水下阀门一般设计寿命较长，且安装完成后在整个设计寿命周期内要求免维护，因此推荐采用双向 V 形填料函密封形式。

5）阀体壁厚计算

水下阀门在安装过程中，由于管道内部充满保护液，起到对管道及管道设备的保护作用，阀体内外不存在压差。但在测试阶段，API 17D 要求的壳体静水压试验为额定压力的 1.5 倍，外部为大气压，此时阀门内外的压差最大，工况最恶劣。设计阀体壁厚时，应以内部受压件进行承压件壁厚计算。

根据 ASME《压力容器设计指南》（第 2 版）中提供的厚壁圆筒壁厚计算方法，可按如下过程计算阀体最小壁厚。

$$SE = \frac{P(R_o^2 + R^2)}{R_o^2 - R^2} \tag{7-1}$$

将关系式 $R_o = R + t$ 带入式（7-1），得

$$t = R(\sqrt{Z} - 1) \tag{7-2}$$

$$Z = \frac{SE + P}{SE - P}$$

式中　E——焊接接头系数；

　　　R——圆桶内半径(mm)；

　　　P——内压力(MPa)；

　　　S——材料的许用应力(MPa)；

　　　t——计算厚度(mm)；

　　　$R_{\circ}$——圆桶外半径(mm)。

焊接接头系数根据射线检测等级来确定(所有的轴向和环向对接焊接接头必须采用 100％检测)：

① 100％检测，$E = 1$。

② 局部检测，$E = 0.85$。

③ 不检测，$E = 0.45$。

6) 阀门开启、关闭力计算

平板闸阀的阀杆总轴向力，在开启的最初时刻、关闭的最终时刻最大。最终阀杆的强度需要通过两种情况下计算的最大值确定。阀杆开、关时所需克服的开启、关闭推力计算如下所示。

(1) 开启的最初时刻

依据阀门的结构设计，闸板从上向下动作时，阀门趋向开启状态，在开启时的闸板、阀座、阀杆受力分析如图 7-3 所示。

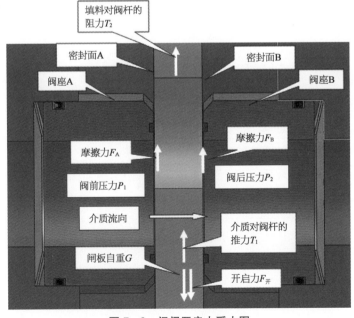

图 7-3　闸阀开启力受力图

从图7-3可以得出,阀杆的开启力 $F_{开}$ 主要由阀座产生的摩擦力 F_A 和 F_B、闸板自重 G、介质对阀杆的推力 T_1、填料对阀杆的摩擦阻力 T_2 共同组成,即

$$F_{开}=F_A+F_B+T_1+T_2-G \tag{7-3}$$

因为在阀门与执行机构总成试验时,在阀体中腔还无滞留的介质压力,故不会对阀杆产生推力,即 $T_1=0$;同时阀板自身重量小,对整个计算结果的影响很小,故其重力 G 可忽略不计。那么阀杆总的开启轴向力就调整为

$$F_{开}=F_A+F_B+T_2 \tag{7-4}$$

式中 F_A——介质的阀前压力 P_1 对阀座 A 有效作用面上的压力、阀座预紧弹簧力与闸板间产生的摩擦力;

   F_B——介质的阀前压力 P_1 对阀座流道有效作用面上的压力、P_1 对阀座 A 有效作用面上的压力、阀座预紧弹簧力、阀后压力 P_2 对阀座 B 有效作用面上的压力四者合力共同作用在阀座 B 密封面的反作用力与闸板间的摩擦力。弹簧预紧力只在低压密封时起密封压力,但其预紧力较小,故忽略不计;

   T_2——填料对阀杆的摩擦阻力,填料密封压力应按阀门在做额定压力密封试验的额定压力作用在填料密封机构处产生的摩擦力计算。

(2) 关闭的最终时刻

依据阀门的结构设计,闸板从下向上动作时,阀门趋向关闭状态,在关闭时的阀板、阀座、阀杆受力分析如图7-4所示。

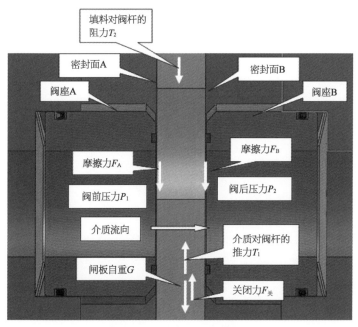

图7-4 闸阀关闭力受力图

从图 7-4 可以得出,阀杆的关闭力 $F_\text{关}$ 主要由阀座产生的摩擦力 F_A 和 F_B、闸板自重 G、介质对阀杆的推力 T_1、填料对阀杆的阻力 T_2 共同组成,即

$$F_\text{关} = F_A + F_B + G + T_2 - T_1 \tag{7-5}$$

因为在阀门最终关闭时,在阀体中腔有滞留的介质压力,故会对阀杆产生推力 T_1;同时阀板自身重量小,对整个计算结果的影响很小,故其重力 G 可忽略不计。那么阀杆总的关闭轴向力就调整为

$$F_\text{关} = F_A + F_B + T_2 - T_1 \tag{7-6}$$

式中 F_A——介质的阀前压力 P_1 对阀座 A 有效作用面上的压力与闸板间的摩擦力;

$\quad\ \ F_B$——介质的阀前压力 P_1 对阀座流道有效作用面上的压力、P_1 对阀座 A 有效作用面上的压力、阀座预紧弹簧力、阀后压力 P_2 对阀座 B 有效作用面上的压力四者合力共同作用在阀座 B 密封面的反作用力与闸板间的摩擦力。弹簧预紧力只在低压密封时起密封压力,但其预紧力较小,故忽略不计;

$\quad\ \ T_1$——阀体中腔滞留介质压力对阀杆的推力;

$\quad\ \ T_2$——填料对阀杆的摩擦阻力。

7.1.2.2　制造关键技术

1) 闸板加工

闸板作为闸阀的关闭件,是影响闸阀质量最为关键的零件。根据技术要求,结合已有加工设备能力,对闸板的加工制定了如下工艺路线:平面磨床磨削→密封面与平板对研→闸板密封面与阀座密封面对研。每道工序的具体要求需要根据设计图纸相应要求确定。

2) 闸板表面喷涂及堆焊

闸板表面喷涂是增强闸板表面强度,提高其耐磨性的一种方法。闸板需要喷涂的表面为两个平面和一个可回转的孔,因此需要三次喷涂才能完成,即两次喷涂平面,一次喷涂流道孔。结合已有加工设备情况及加工能力,对闸板采用超声速火焰喷涂的加工方法。

7.1.3　水下球阀

水下球阀在水下的应用历史与闸阀相比较短,其主要原因是球阀加工制造难度较大,在低压、小口径应用中性价比较低。随着海洋油气生产向深远海发展,高压、大口径、长时间免维护逐渐成为水下阀门的常规性要求。而球阀相对闸阀,恰恰在这些要求方面具有优势。此外,球阀相对闸阀还具有以下优势:

① 相同口径的阀门,球阀相对闸阀高度低,有利于降低结构物尺寸。

② 相同阀门开关次数条件下,对阀杆及阀杆密封磨损小。

③ 水深对阀门开启、关闭的影响低。

④ 流道不易被杂质堵塞。

因此球阀目前多用在管汇汇管出口、海管终端、海管等平台连接段,起到安全隔离的作用。

随着球阀加工技术的发展、费用的降低,逐渐出现了使用球阀代替闸阀的发展趋势。

水下球阀结构的外形如图 7-5 所示。

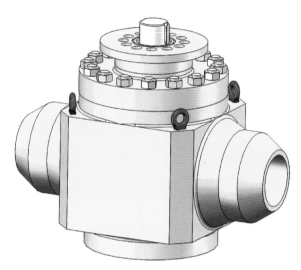

图 7-5　水下球阀

7.1.3.1　设计关键技术

1) 设计输入的确定

同水下闸阀,参照 7.1.2.1。

2) 阀座与阀球密封方案

同水下闸阀,参照 7.1.2.1。

3) 阀杆密封方案

同水下闸阀,参照 7.1.2.1。

4) 阀杆密封填料选择

同水下闸阀,参照 7.1.2.1。

5) 阀体壁厚计算

同水下闸阀,参照 7.1.2.1。

6) 阀门开启、关闭扭矩计算

球阀阀杆的扭矩在阀门开启的最初时刻、关闭的最终时刻最大。最终阀杆的强度需要通过两种情况下计算的最大值确定。相对闸阀拉力计算，球阀扭矩计算由于受到球体直径及实际密封接触面积的影响，计算难度较大。实际设计过程中在使用阀门设计手册理论公式计算后，多使用有限元分析软件进行仿真计算。

7.1.3.2 制造关键技术

1）阀球加工

阀球作为球阀的关闭件，是影响球阀质量最为关键的零件。根据技术要求，结合已有加工设备能力，对阀球的加工制定了如下工艺路线：毛坯外协→固溶处理→酸洗处理→球面磨(1)→镗铣加工(1)→超声速喷涂→球面磨(2)→镗铣加工(2)→标记→清洁→完工检验。每道工序的具体要求需要根据设计图纸相应要求确定。

2）阀球表面喷涂

阀球表面喷涂是增强阀球表面强度，提高其耐磨性的一种方法。根据技术要求，结合已有加工设备情况及加工能力，对阀球采用超声速火焰喷涂的加工方法。其加工工艺路线如下：装夹→表面清洁→表面粗化→非喷涂面保护→参数设定→预热→喷涂。

喷涂要求为单边喷涂净厚 0.4 mm，硬度＞1 000 HV。

7.2 水下阀门执行机构

7.2.1 执行机构类型

水下阀门实现动作，需要使用执行机构。水下阀门执行机构主要使用液压单作用弹簧式机构和电动执行机构。目前深水使用的全电动执行机构还处于研究、测试阶段，仅有少量试验性应用案例。实际投入工程应用的主要是液压单作用弹簧式机构。水下阀门作为安全阀，在出现故障时，阀门通常需要处于故障安全状态。因此执行机构的设计多采用单作用式，依靠弹簧蓄能来驱动阀门，实现水下阀门的故障安全功能。

考虑水下阀门在实际工作中出现不能正常关闭或者液压执行机构失效等应急工况时，ROV 操作机构能实现对阀门的正常可靠操作，即作为一种安全保护措施使用。

带有 ROV 操作机构的水下液压执行机构，其液压-弹簧传动机构和 ROV 操作传动机构在整个执行机构传动设计中需要相互平行、互不干涉；两者又都能通过液压活塞杆的动作实现阀门的开关，但不能同时进行操作。

水下阀门配套的液压执行机构,主要根据水下阀门所应用的水深和水下维护、操作的难易程度不同和水下维护成本选用。对浅水应用,水下维护、操作相对容易,维护成本不高的应用工况时,可仅配备 ROV 操作功能,在出现故障时,由潜水员进行水下维护,维护成本相对较低。对深水应用,靠潜水员维护已经具有很大风险或不可能,只能使用深水机器人等深海设备来进行水下干预作业。其水下维护、操作困难,而且要求有很高的安全可靠性,维护成本很高。因此必须采用具有液压单作用方式且备用 ROV 操作方式的执行机构。

为了提高深水执行机构的输出力或力矩,采用液压传动。该方式具有结构紧凑、重量轻、输出力或力矩大的优点。

根据技术要求,水下闸阀执行机构需要同时具备液压和 ROV 两种操作方式,而水下球阀执行机构只需要具备 ROV 操作方式。这样的设置是考虑到水下闸阀通径为 $5\frac{1}{8}$ in,而水下球阀通径为 12 in,驱动水下球阀所需扭矩较大,对首套国产化产品研发需要降低难度;从驱动方式来说,水下闸阀执行机构的液压传动结构同水下球阀执行机构的液压传动结构类似,但 ROV 操作的传动结构具有较大差异,减少对相似部分的研发能够缩短研发时间,且闸阀执行机构研发成功后能够将相关技术进行移植。

7.2.2　水下闸阀执行机构

水下闸阀执行机构是实现水下闸阀动作的机械/液压复合结构,其外形如图 7-6 所示。

从图 7-6 可以看到,该执行机构配备了液压、ROV 两种操作方式,执行机构配有压力平衡器和开关位置指示机构。该执行机构采用内部弹簧实现液压失效情况下阀门的失效安全。

水下闸阀执行机构的关键技术包括:

1) 设计输入的确定

水下闸阀执行机构的设计输入除 7.1.2.1 节中水下闸阀的参数外,还需要明确:驱动方式;驱动液压压力;ROV 输出扭矩级别。

2) 液压/ROV 操作转换

当液压系统故障时,将无法打开/关闭阀门。此时需要通过 ROV 机械结构旋转特殊设计的结构,将旋转运动转化为阀杆上下直行程运动。当 ROV 操作后,为避免液压系统误动作,需要通过机械结构实现对液压系统操作的互锁,即此时无论液压系统充油/卸油,均不得影响执

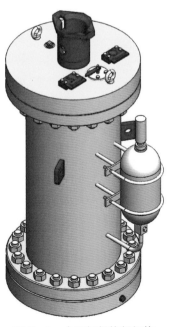

图 7-6　水下闸阀执行机构

行机构所处状态,直到 ROV 将执行机构恢复至阀门安全状态。

3) 阀门位置指示机构

位置指示器是水下阀门执行机构的重要组成部分,主要功能是通过其指针的旋转指示阀门的位置,指导 ROV 操作。位置指示器主要有两种形式:一种为旋转机构,一般位于水下阀门执行机构 ROV 接口的下方,当执行机构带动阀门动作时,指示器指针会旋转到相应位置,以便 ROV 观察;另一种为直线形式,一般位于执行机构侧面,其指示器指针可以上下移动,对应相应阀门的开度。设计过程中需注意的主要问题包括:

① 位置指示器指针要易于观察。

② 位置指示器动作要准确可靠,避免 ROV 误操作。

③ 位置指示器指针暴露在海水环境中,要采取措施避免海水及气体微生物的腐蚀。

需要特别注意的是,由于水下闸阀执行机构的主要动作为直行程运动,需要专门设计将直行程转化为旋转运动的机构,以实现阀门位置指示。

7.2.3 水下球阀执行机构

水下球阀执行机构是实现水下球阀动作的机械结构,其外形如图 7-7 所示。

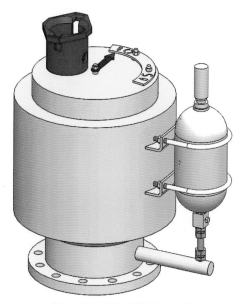

图 7-7 水下球阀执行机构

水下球阀执行机构的关键技术包括:

1) 设计输入的确定

水下球阀执行机构的设计输入除 7.1.3.1 节中水下球阀的参数外,还需要明确:驱动方式;驱动液压压力;ROV 输出扭矩级别。

2）高减速比转换

由于水下阀门操作的 ROV 通常为 Class 4 级,仅能提供最大 2 700 N·m 的扭矩,而水下球阀的操作扭矩远大于该数值,因此需要采用减速器实现扭矩放大。在各种减速器中,能够在相同体积内实现最高减速比的方式是行星齿轮式减速器。

3）阀门位置指示机构

与水下闸阀执行机构类似,水下球阀执行机构也需要配备阀门位置指示机构,以便水下操作时潜水员/ROV 进行观察。但由于球阀执行机构本身采用旋转运动,所以该指示机构可以很方便地通过旋转运动的转换得以实现。

7.3　测试关键技术

7.3.1　测试目的

通过测试证明水下阀门及执行机构产品样机在深海环境及高压介质共同作用工况条件下,能够达到预期的设计功能和设计寿命。验证产品样机的各项结构完整性、装配和操作正确性和制造工艺的可行性、可靠性。

7.3.2　测试参考标准

水下阀门的测试主要参考以下国际标准:

① 水下生产系统的设计与操作——水下井口装置和采油树设备(API 17D Design and Operation of Subsea Production Systems — Subsea Wellhead and Tree Equipment)。

② 水下井口及采油树(API 6A Specification for Wellhead and Christmas Tree Equipment)。

③ 水下管道阀门(API 6DSS Specification for Subsea Pipeline Valves)。

④ 石油天然气工业——水下生产系统的设计与操作 第 1 部分:一般要求和推荐做法(ISO 13628 - 1 Petroleum and Natural Gas Industries — Design and Operation of Subsea Production Systems Part 1: General Requirements and Recommendations)。

⑤ 石油天然气工业——水下生产系统的设计与操作 第 8 部分:水下生产系统的水下机器人(ROV)接口[ISO 13628 Petroleum and Natural Gas Industries — Design and Operation of Subsea Production Systems Part 8: Remotely Operated Vehicle (ROV) Interfaces on Subsea Production Systems]。

7.3.3　测试通用要求

1）压力测量仪表

压力测量仪表至少应精确到满量程的±2％。如果使用压力测量仪表代替压力传感器，应使试验压力在其满量程的25％～75％。

压力测量器材应对照标准测量器材或静载荷检测仪定期地对满刻度的25％、50％、75％和100％进行校准。

2）高压装置

装置的压力不低于设计压力的1.5倍，包括静水加压和气体加压试验。

3）推力/扭矩测量仪器

推力/扭矩测量传感器的测量精度应为满量程的0.5％。

4）温度测量器材

温度测量器材应能指示和记录波动为5℃（8℉）的温度值。

5）试验介质要求

试验介质为带或不带添加剂的水、气、液压液或其他流体的混合物，其中气体为空气或氮气。

6）产品测试容积

各试验设备的有效输出流量应满足测试产品样机的最大有效容积需求。

7.3.4　测试所需通用测试装置

为完成测试产品样机的全套测试，需要至少配备以下关键测试装置：

1）高压水测试装置

用来为测试产品样机提供符合试验要求的高、低压静水压力装置。

2）高压气体测试装置

用来为测试产品样机提供符合试验要求的高、低压氮气压力装置。

3）推力/扭矩测试装置

用来测试样机在满载荷工况下的输出推力/扭矩的装置。

4）高低温试验箱

用来加热或冷却试件到试验要求温度，并能保温的装置。

5）高压舱试验装置

用来模拟深海水压，并具有向阀门、执行机构提供测试增压通道的密封容器装置。

7.3.5　测试项目

完整的性能鉴定试验内容、试验顺序、验收标准及试验设备要求见表7-4。

表7-4　水下阀门测试要求

顺序	试验项目	试验对象	试验内容及要求	验收标准	试验装置
1	静水压试验（FAT）	闸阀（阀体、上阀盖）	阀体、上阀盖通1.5倍额定工作压力，阀座在0.2倍和1倍额定工作压力；阀体保压至少15min	无任何可见渗漏，无永久性变形	高压水试压装置
		球阀（阀体、上阀盖）			
		液压执行机构（含补偿回路）	液压缸通1.5倍额定工作压力，保压至少3min；1.5倍补偿回路通1.5倍额定工作压力，保压至少3min；活塞密封通0.2倍额定不少于1.0倍额定工作压力，保压至少3min		液压泵站 / 高压水试压装置
		减速箱执行机构	减速箱体通1.5倍补偿工作压力，保压至少3min		高压水试压装置
2	执行机构常温操作试验（FAT）	液压执行机构	通额定工作压力，实现关—开—关动作试验，至少动作3次	无任何可见渗漏，无永久性变形	高压泵站
		闸阀（ROV接口）	利用回转马达对闸阀、球阀配ROV接口输入进行开、关动作作试验，至少动作3次	无任何可见渗漏，动作平稳，开关指示正确	回转马达 / 液压泵站 / 专用试验工装
		球阀（ROV接口）			
3	推力/扭矩试验	闸阀（阀杆）	阀门分别在全开、全关位置、阀座一端通额定工作压力后开启或关闭阀门，阀杆所受推力	阀杆或活塞杆动作平稳，推力/扭矩传感器测试正确，测试数据记录应为从开始到结束整个阶段的推力值变化	推力/扭矩测试装置 / 高压水试压装置 / 专用试验工装
		球阀（阀杆）	阀门分别在全开、全关后，一端通额定工作压力后开启或关闭阀门，阀杆所受扭矩		推力/扭矩测试装置 / 液压泵站 / 专用试验工装
		液压执行机构（活塞杆）	通额定工作压力，活塞杆从全关到全开动作所输出的推力和拉力		推力/扭矩测试装置 / 回转马达
		闸阀（ROV接口）	利用回转马达对液压执行机构ROV接口输入端进行开、关动作试验，测试活塞杆输出推力和拉力	阀杆、活塞杆转动动作平稳，推力/扭矩传感器测试正确，测试数据记录应为从开始到结束整个阶段的推力值变化	推力/扭矩测试装置 / 液压泵站 / 回转马达
		球阀（ROV接口）	利用回转马达对减速箱ROV接口输入端进行开、关动作试验，测试减速箱输出扭矩		液压泵站 / 专用试验工装

（续表）

顺序	试验项目	试验对象	试验内容及要求	验收标准	试验装置
4	气密封试验（FAT）	闸阀（阀体）	放置在水池中，阀门部分开启，通额定工作压力氮气，保压至少15 min	无任何可见渗漏，无永久性变形	高压气试压装置 水池
		球阀（阀体）			
		闸阀（阀座）	放置在水池中，阀门关闭，分别通额定工作压力和2 MPa氮气，保压至少15 min，两次试压期间同开、关阀门各1次		
		球阀（阀座）			
		闸阀总成（液压缸）	阀门一端通额定工作压力，一端试验压力为额定压力的1%以下低压，液压执行机构通额定工作压力，阀门完成关—开—关动作；至少动作3次		高压水试压装置 液压泵站
5	常温总成动作试验（FAT）	闸阀总成（ROV接口）	阀门一端通额定工作压力，一端试验压力为额定压力的1%以下低压，液压执行机构ROV端配回转马达，向马达通工作压力，阀门完成关—开—关动作；至少动作3次	无任何可见渗漏，动作平稳，开关指示正确	高压水试压装置 回转马达 液压泵站 专用试验工装
		球阀总成	阀门一端通额定工作压力，一端试验压力为额定压力的1%以下低压，减速箱ROV端配回转马达，向减速箱通工作压力，阀门完成关—开—关动作；至少动作3次		
6	阴极保护电连续性试验	闸阀总成	为了证明阴极保护系统的有效性，应对阀门、执行机构等连接部件之间进行电阻测试	电阻应不大于10 Ω；对大于10 Ω的试验区域或两部件间应接入搭铁导线	电源不超过12 V的直流电阻测量仪表
		球阀总成			
7	外观质量检验与尺寸检验（FAT）	闸阀	外观质量包括：铭牌和标志，产品编号，阀门结构，内外表面质量，防腐涂层相关涂装情况，开度指示与实际一致性；尺寸检查包括：阀门连接装置的机械完好性；结构长度、焊接坡口、外形尺寸符合图纸要求，阀门的最大高度和宽度尺寸等；液压油：对油液清洁度进行检测，保证清洁度符合要求	表面无锈蚀、夹杂、瘢瘕；涂层无裂纹、夹杂；螺钉紧固牢靠；标志、铭牌符合要求；结构长度、焊接坡口、外形尺寸符合合同图纸要求；清洁度：以NAS 1638等级6（与SAE AS4059 6B-F同效）为最低标准	目视、通用测量器具 清洁度：Pall PCM200系列流体清洁度检测仪
		液压执行机构（清洁度检测）			
		闸阀总成			
		球阀			
		减速执行机构			
		球阀总成			

（续表）

顺序	试验项目	试验对象	试验内容及要求	验收标准	试验装置
8	常温压力/载荷动态循环试验	闸阀总成（液压缸）	阀门一端通额定工作压力，一端通试验压力的1%以下低压介质；液压执行机构通额定工作压力，阀门完成一开一关动作；循环试验不少于160次	无任何可见渗漏，动作平稳，开关指示正确	高压水试压装置；液压泵站
		闸阀总成（ROV接口）	阀门一端通额定工作压力，一端通试验压力的1%以下低压介质，液压执行机构ROV端配回转马达，向马达通额定工作压力，阀门完成关—开—关动作；循环试验不少于20次		高压水试压装置；回转马达；液压泵站；专用试验工装
		球阀总成	利用回转马达对减速箱ROV接口输入端进行开、关动作试验；循环试验不少于200次		
9	压力/温度循环动态试验	闸阀总成（液压缸）	(1) 最高额定温度下的压力/载荷动态循环试验，至少20次； (2) 最高额定温度下的阀体气压试验，至少保压1h； (3) 最高额定温度下的阀座气压试验，至少保压1h（一端）； (4) 最高额定温度下的阀座低压试验，至少保压1h（一端）； (5) 最低额定温度下的压力/载荷动态循环试验，至少20次； (6) 最低额定温度下的阀体气压试验，至少保压1h； (7) 最低额定温度下的阀座气压试验，至少保压1h（一端）； (8) 最低额定温度下的阀座低压试验，至少保压1h（一端）；	(1) 各温度下的压力/载荷动态循环试验，阀门动作平稳，无卡阻、爬行； (2) 各密封配合无任何渗漏或保压期无压降，符合标准要求； (3) 阀门无永久性变形；	高压气试压装置；高低温试验箱；回转马达；专用试验工装；液压泵站
		闸阀总成（ROV接口）	(9) 阀体与执行机构总成的压力/温度循环试验，每次保压至少1h；		
		球阀总成	(10) 室温下的阀体保压气压试验，阀门部分开启，至少保压1h； (11) 室温下的阀座低压试验，阀门关闭，一端加压，一端泄压，至少保压15min； (12) 室温下的阀体低压保压试验，阀门部分开启，施加5%~10%试验压力，保压至少1h； (13) 室温下的阀座低压保压试验，阀门关闭，阀门承受额定压力5%~10%的压差，保压至少1h		

（续表）

顺序	试验项目	试验对象	试验内容及要求	验收标准	试验装置
10	使用寿命/耐久性试验	闸阀总成（液压缸） 球阀总成	当之前的各项功能循环试验的累计循环次数少于 API 17D 标准中 PR2 级要求的至少 600 次循环次数时,应继续补充完成某一项压力/载荷动态循环试验,直至累计循环次数符合规定要求	累计循环次数不少于 600 次	高压气试压装置 高低温试验箱 回转马达 专用试验工装 液压泵站
11	外压/内压操作功能试验	闸阀总成（液压缸） 闸阀总成（ROV接口） 球阀总成	将组装好的试验总成放置在高压密闭容器内,注满试验介质,分别将密闭容器、阀内腔压力加压到试验压力,稳定后,操作执行机构阀门完成开—关循环动作 200 次	内外无任何可见渗漏,压力稳定,阀门开关动作平稳,开关指示正确	高压舱试验装置 高压水试验装置 回转马达 液压泵站 专用试验泵站
12	常温总成动作试验（FAT）	闸阀总成（液压缸）	阀门一端通额定工作压力,一端通试验工作压力,液压执行机构额定工作压力,阀门开—关动作;至少动作 3 次	无任何可见渗漏,动作平稳,开关指示正确	高压水试验装置 液压泵站
		闸阀总成（ROV接口）	阀门一端通额定工作压力,一端通试验回转马达,液压执行机构 ROV 端配回转马达;至少动作 3 次,阀门完成开—关动作;至少动作 3 次		
		球阀总成	阀门一端通额定工作压力,一端通试验工作压力,减速箱 ROV 端配回转马达,向马达通工作压力,阀门完成开—关动作;至少动作 3 次		

（续表）

顺序	试验项目	试验对象	试验内容及要求	验收标准	试验装置
13	最终推力/扭矩试验	闸阀（阀杆）	阀门分别在全开、全关位置，一端通额定工作压力后开启或关闭阀门，阀杆所受推力		高压水试压装置推力/扭矩测试装置专用链接工装
		球阀（阀杆）	阀门分别在全开、全关后，一端额定工作压力后开启或关闭阀门，阀杆所受扭矩	阀杆或活塞杆动作平稳，推力/扭矩传感器测试正确，测试数据记录应为从开始到结束整个阶段的推力值变化	
		液压执行机构（活塞杆）	通额定工作压力，活塞杆从全关到全开动作所输出推力和拉力		液压泵站推力/扭矩测试装置专用链接工装
		液压执行机构（ROV接口）	利用回转马达对液压执行机构 ROV 接口输入端进行开、关动作试验，测试活塞杆所输出推力和拉力		
		球阀（ROV接口）	利用回转马达对减速箱 ROV 接口输入端进行开、关动作试验，测试减速箱输出扭矩		推力马达回转马达液压泵站专用试验工装
14	最终拆解检验	所有被测试产品、设备	所有被测试产品，装置全部拆解，并进行彻底检查，对于每一个具有任何明显损伤和变化的零部件都要做好记录		拆卸工具目视

水下生产系统关键技术及设备

第8章　水下连接器

水下连接器主要用于水下生产设施之间的连接,如水下采油树与水下管汇、水下管线与水下采油树、水下管道终端与水下管汇等,是深水油气安全生产的重要保证。一套完整的水下管线连接系统主要由水下跨接管和水下连接器组成,而水下连接器作为水下跨接管与水下生产设施连接部件,是连接系统的重要组成部分。

目前水下连接器主要供应商以国外厂家为主,国内多家企业、科研院所开展了关键技术攻关及样机研制,并取得了一定的突破。

本章对水下连接器的分类、关键设计技术、测试技术以及安装方法等进行介绍。

8.1 水下连接器分类

常用的水下管汇连接器按照连接接头的机械结构分类,可分为卡爪式连接器、远程铰接式连接器、卡箍式连接器、环形连接器和中线滑车式连接器。按照连接器安装过程中的驱动方式可分为机械式连接器和液压式连接器;按照连接器的连接方向可分为垂直连接器和水平连接器。其中,卡爪式连接器和卡箍式连接器因具有可靠的机械连接、连接处不要求管线挠度来补偿、偏心误差小、下放工具完全独立、可回收、成本低、使用范围广等优点,已经在水下连接系统中广泛应用。

8.1.1 卡爪式连接器和卡箍式连接器

卡爪式连接器在水下生产设施之间的连接中应用非常广泛,占据了主导地位。国际上现有TechnipFMC、OneSubsea、Aker Solutions、Baker Hughes 以及 Oil States 等多家公司提供各种规格的相关产品。图 8-1 所示为一种典型的卡爪式连接器结构示意。

卡爪式连接器主要由连接器本体、驱动环、卡爪、毂座、对中导向机构以及密封元件组成,还包括连接器自带的液压驱动元件和水下机器人(ROV)操作面板。图 8-2 给出了一种典型的卡爪式连接器工作原理示意图。

卡爪式连接器的工作原理及连接过程

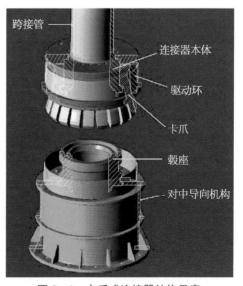

图 8-1 卡爪式连接器结构示意

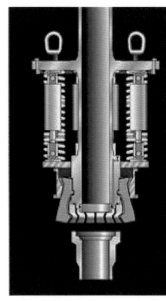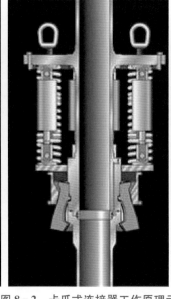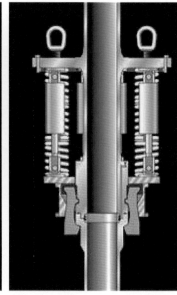

图 8-2　卡爪式连接器工作原理示意

如下：

① 连接器装置(包括连接器、毂座以及密封元件)随跨接管下放到达被连接的毂座上方,通过导向装置完成初步对中,此时两毂座面尚有一定距离。

② 继续下放,通过连接器张开的卡爪引导完成最终对中,两毂座面接合,对于最终对中允许有一定的对中偏差。

③ 连接器自带或者安装在下放工具上的液压缸膨胀,推动驱动环向下移动,驱动环带动卡爪闭合,抓牢两对接毂座面,对密封元件施加预载荷,完成连接。

卡箍式连接器在水下连接中的应用也十分广泛,尤其适用于海底管线与管线之间的连接,在深水无潜式海底管道修复中也得到了广泛应用。

图 8-3 给出了几种典型的卡箍式连接器结构示意图,卡箍式连接器的主体结构一

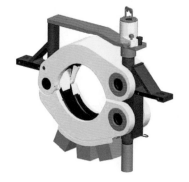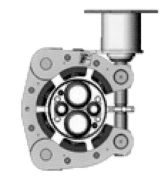

图 8-3　卡箍式连接器结构示意

般由相互铰接的 2 瓣或 3 瓣组成,并通过液压螺栓锁闭。液压螺栓可以由 ROV 携带相应的扭矩工具拧紧或开启。图 8‑4 给出了卡箍式连接器的工作原理示意图,其工作原理如下:卡箍与毂座之间的接触面为设计成一定角度的锥体,当螺栓拧紧时,在锁紧力的作用下,卡箍带动两毂座面沿着轴向靠近至紧密对接,同时对密封元件施加预载荷,完成连接。

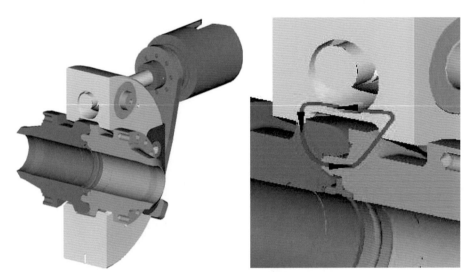

图 8‑4　卡箍式连接器工作原理示意

8.1.2　机械式连接器和液压式连接器

机械式连接器是指液压驱动元件安装在安装工具上,安装完毕后,液压驱动元件随着安装工具撤回,不留在海底,如图 8‑5 所示。

液压式连接器是指液压驱动元件安装在连接器本体上,安装完毕后,液压驱动元件将永久留在海底,如图 8‑6 所示。

8.1.3　垂直连接器和水平连接器

垂直连接器是指连接器本体及其毂座的轴线均垂直放置。垂直连接器工作原理如图 8‑7 所示。

以液压卡爪式连接器为例介绍垂直连接过程:

① 跨接管携带连接器装置(包括连接器、毂座以及密封元件)下放,到达被连接的毂座上方,通过导向装置完成初步对中。此时两毂座面尚有一定距离。

② 跨接管继续下放,通过连接器本身张开的卡爪引导完成最终对中,两毂座面接合。最终对中允许有一定的对中偏差。图 8‑7 所示具有软着陆机构的卡爪式连接器,可以由软着陆液压缸控制两毂座面靠近、对中到接合的速率,以避免对密封元件造成破

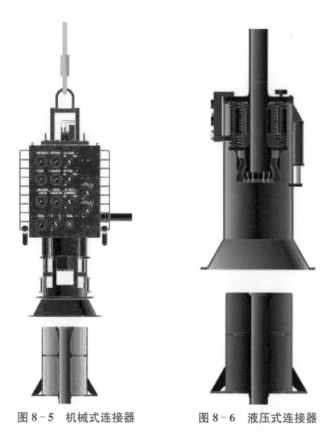

图 8-5　机械式连接器　　　　图 8-6　液压式连接器

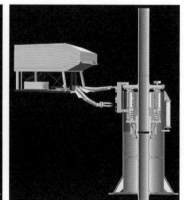

图 8-7　垂直连接过程

坏。软着陆液压机构由 ROV 进行辅助操作。

③ ROV 辅助操作,使连接器内部的锁紧液压缸膨胀(对于机械式连接器,液压缸安装在下入工具上),推动驱动环向下移动,使卡爪闭合,抓牢两对接毂座面,并对密封元件施加预载荷,形成密封。

④ 密封试压。试压合格后,回收连接辅助工具,连接完成。

图 8-8～图 8-10 分别给出了采用倒 U 形刚性跨接管、M 形刚性跨接管以及柔性跨接管进行垂直连接的示意图。

图 8-8　倒 U 形刚性跨接管垂直连接

图 8-9　M 形刚性跨接管垂直连接

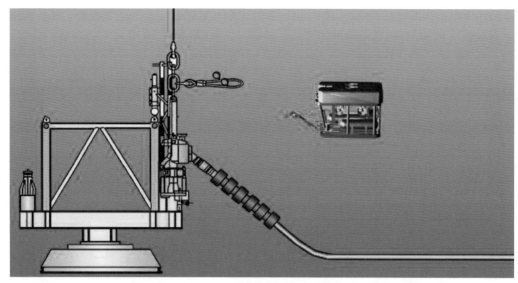

图 8-10　柔性跨接管垂直连接

水平连接器是指连接器本体及其毂座的轴线均水平放置。

图 8-11 所示为机械卡爪式连接器的水平连接过程,具体过程如下:

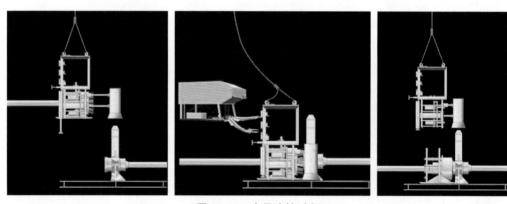

图 8-11　水平连接过程

① 下入工具携带跨接管和连接器装置(包括连接器、毂座以及密封元件)下放,到达被连接的毂座上方,通过导向柱和导向锥的配合完成初步对中。此时两毂座面尚有一定距离。

② ROV 辅助操作,使安装在下入工具上的拉拽液压缸收缩,将连接跨接管相对于被连接管道拉入,两毂座面完成最终对中并接合。

③ ROV 辅助操作,使安装在下入工具上的锁紧液压缸膨胀,推动驱动环向前移动,使卡爪闭合,抓牢两对接毂座面,并对密封元件施加预载荷,形成密封。

④ 密封试压。

⑤ 试压合格后,回收下入工具及连接辅助工具,连接完成。

8.2 水下连接器设计技术

8.2.1 水下连接器设计原则

1) 功能性原则

水下连接器应该能够实现以下功能:

① 水下连接器应用于水下采油树与水下管汇、海底管道终端(PLET)与水下采油树等的连接。

② 安装工具应能顺利实现连接器的安装、回收和密封件的更换过程。

2) 可靠性原则

① 连接器机械连接结构安全可靠,使用寿命应达到 25 年免维护的要求。

② 连接器应设计一个二次释放方法,以备一次释放故障。

③ 所有系统部件要分析稳定性、预期的故障率以及设计尽量减小故障率的系统。

3) 可维护性原则

① 安装工具应与连接器完全独立,在完成连接之后可收回海面进行维护。

② 当密封件出现问题时,应能在水下对密封件进行更换。

4) 适应性原则

① 连接器应适应设计水深、工作压力及工作温度等环境条件,且要耐海水腐蚀。

② 连接器安装作业误差设计应最大化,以适应恶劣天气和潮汐状态。

5) 通用性原则

① 连接器应具备广泛的通用性,可与一定范围内尺寸及口径匹配的轮毂进行匹配。

② 安装工具应适用的连接器种类尽量多。

6) 经济性原则

① 连接器和安装工具结构设计应尽量紧凑、简单,部件应采用标准化设计,降低制造成本。

② 同一安装工具应用于多个连接器的安装,降低安装成本。

7) 效率性原则

安装工具应灵活快捷,尽量缩短安装时间。

8.2.2　水下连接器选型要求

根据各类连接器的工作原理、性能特点和应用范围,对水下连接器选型可制定如下要求。

1) ROV 辅助作业

在深水尤其是达到 1 500 m 超深水水域,潜水员无法在此区域安全作业,所有水下生产设施的安装、操作、维护、维修及更换等,均需通过 ROV 辅助进行。因此,其回接方式与水上/浅水区域存在巨大的差异。陆地常用的管道焊接连接方式,无法应用在此水域;螺栓法兰连接方式,也必须改造成由 ROV 辅助连接的形式。从目前业界所能提供的几套可应用于深水的螺栓法兰连接系统来看,都存在系统复杂、连接速度缓慢、作业难度高等缺点,严重限制了其在深水中的应用。对于不同的深水连接器,采用不同的安装工具,ROV 配套使用。

2) 回接作业时间要求

由于海上作业尤其是深水水下作业所具有的高风险、高成本特征,用于深水的水下连接器,其连接作业包括管道对中、连接器锁定/解锁等操作,应尽量简便,耗时短。

对于系统复杂、重量重、在管汇上占据空间大的连接器形式,应用受到限制。

3) 密封性能要求

在水深 1 500 m 区域,海水压力高达 15 MPa。与水上连接器形式相比,水下连接器在管道内无生产流体时,还承受着巨大的外压,不仅需要考虑内漏,还需考虑外漏。因此,水下连接器的密封结构更加复杂,一般采用双重密封系统,即金属密封(主密封)和非金属密封(二次密封)。

4) 腐蚀性

水下连接器除考虑生产流体的腐蚀性之外,还需要对海水腐蚀性加以考虑。

5) 使用寿命要求

由于海上作业尤其是深水水下作业所具有的高风险、高成本特征,所有用于深水的水下生产设施,在使用寿命期间,应尽量免维修、免更换。

8.3　水下连接器测试技术

8.3.1　合格性试验

1) 锁紧与解锁试验

试验目的:在陆地环境中,检验安装工具是否能将连接器锁紧和解锁。

试验设备：液压站、智能数控试压系统、吊车等。

试验流程：

锁紧准备工作—粗对中—精对中—锁紧卡爪—安装紧固螺栓—撤离驱动环—撤离顶端环板—撤回安装工具—安装完毕。

解锁准备工作—粗对中—锁定连接盖—锁定驱动环—紧固螺栓解锁—卡爪解锁—连接器上移—回收安装工具。

2）外压试验

试验目的：模拟深海水深环境，检验连接器能否承受工作环境中海水压力以及检测密封性能。

试验设备：高压试验舱（提供高压环境压力）。

试验步骤：

① 将连接器及其安装工具装配好，连接器上下两端加盲板密封，保证密封可靠。

② 在连接器及其安装工具上贴应变片，应变片的位置选在预计应力较大区域。

③ 将带有应变片的连接器及其安装工具放入高压试验舱，高压试验舱内部加压，逐级加载到静水压力。

④ 保持外部静水压力不变，向连接器内部打水压，逐级加载到工作压力，记录该过程中的压降及应力变化数据。

⑤ 内压加载循环三次，记录数据，试验结束。

3）密封试验

试验目的：检验垂直连接器在额定工作压力状态下的密封性能。

试验设备：智能数控试压系统。

试验步骤：向连接器内部打水压，进行分级试验，每级单独保压 5 min，记录压降数据。

密封接受标准：保压期间压降不大于试验压力的 5%，并且无可见泄漏和异常声音。

4）弯曲试验

试验目的：检验连接器抵抗弯曲破坏的能力，确保连接器在受到一定弯矩作用下也能正常工作。

试验设备：弯曲扭转试验台、智能数控试压系统。

试验步骤：

① 将连接器放置在弯曲扭转试验台上，贴片，连接好管线。

② 将内压加至额定工作压力，保压 15 min。

③ 连接器无泄漏后，保持内压不变分两级加载弯矩，第一级为额定弯矩的一半，第二级为额定弯矩。每一级反复弯曲 100 次，记录压力变化数据以及应力变化数据。

5）扭转试验

试验目的：检验连接器抵抗扭转破坏的能力，确保连接器在受到一定扭矩作用下也能正常工作。

试验设备：弯曲扭转试验台、智能数控试压系统。

试验步骤：

① 将连接器放置在弯曲扭转试验台上，贴片，连接好管线。

② 将内压加至额定工作压力，保压 15 min。

③ 连接器无泄漏后，保持内压不变，分三级加载弯矩。每一级反复扭转 100 次，记录压力变化数据以及应力变化数据。

8.3.2　工厂验收试验

1）外观检查

试验目的：查看连接器及安装工具外表面有无凹痕、划痕，尤其是密封面是否有划痕，组装连接和焊接有无缺陷，机械加工的部件是否完整，指示部件如刻度盘是否干净、字迹是否清晰，螺栓及要求的其他零部件、配件是否短缺等。

2）制造数据审查及尺寸检查

试验目的：测试连接器及其安装工具各零部件尺寸是否满足设计要求。

试验设备：便携式关节臂测量机、游标卡尺、千分尺。

3）无损检测

试验目的：在不损伤连接器性能和完整性的前提下，检测连接器金属的某些物理性能和组织状态，查明连接器金属表面和焊接处内部各种缺陷以及压力试验后的探伤。

试验设备：D3206 X 光射线探伤机、CJW － 9000 半自动湿式荧光磁粉探伤机、MUT600B 数字超声探伤仪。

4）倾斜安装试验

试验目的：检验安装工具能否在最大为 2°的角度偏差下成功安装连接器，并能保证密封可靠。

试验设备：调节底座、智能压力试验系统、吊机。

试验步骤：

① 将连接器的毂座端固定在调节底座上。

② 将调节底座调整为 0°进行密封检测，用安装工具将连接器锁紧并进行压力测试。

③ 将调节底座调整为最大设计倾斜角度，用安装工具将连接器锁紧并进行压力测试。

5）水池安装试验

试验目的：模拟连接器在深水环境下的安装过程和解锁过程，检验安装工具是否符合设计功能要求。

试验设备：试验水池、吊车、气压泵。

试验步骤：

① 将连接器的毂座端下放至水池中。

② 将连接器端和安装工具下放至水池，进行锁紧。

③ 锁紧后,向连接器内部通入低压惰性气体,保压 30 min,记录压力变化数据。

④ 保压结束,将连接器解锁,完成解锁任务。

8.3.3 系统集成测试

本试验作为界面、系统功能以及不同子系统之间相互作用的最终验证。水下连接器配合水下管汇项目组进行完整性试验,即水下连接器与水下管汇一起进行试验,模拟整个安装过程。

8.4 水下连接器安装技术

水下连接器的安装与水下管汇、跨接管紧密相关。连接器的毂座在管汇制造的时候已经和与之相连的管段焊接成一体,并且装配到管汇的结构框架上。连接器的本体和跨接管一起下放。因此连接器的下放主要依靠水下管汇的下放、水下跨接管的下放完成。图 8 - 12 所示是典型的水下连接器连接。图中水下跨接管左右两端均连接着连

图 8 - 12 典型的水下连接器连接

接器,通过水下管汇连接器与管汇的连接,实现水下管汇的连通。现就从水下跨接管的下放、水下连接器的下放施工方案两方面讨论水下连接器的施工方案。

8.4.1 深水管汇连接器毂座的三种安装方案

深水管汇连接器毂座随同其一端连接的管汇有三种安装方法。

1) 吊装法

吊装法是早期水下管汇在深水中的主要安装方法,此种方法主要有两种形式。一种是利用供应船将管汇运至安装地点,在供应船或起重驳船上,通过吊机,利用钢丝缆下放至安装位置;另一种是将管汇运至移动式钻井船上,利用钻井立管将水下管汇下放至安装位置。此种方法的安装应用水深基本都在 1 000 m 以内,对于更大水深的管汇安装,吊装法因自身载重能力、轴向共振等问题而具有一定的局限性。图 8 - 13 所示是利用钢丝缆和钻井立管进行水下管汇的安装。

图 8 - 13 利用钢丝缆和钻井立管分别进行深水管汇的安装

2) 滑轮法

滑轮法是解决深水(大于 1 000 m)管汇安装的一种有效方法,是吊装法的一次改进。此种方法主要是利用两艘布锚拖曳船（anchor handling tug supply，AHTS）和一艘半潜式平台进行深水管汇的安装，其工作原理如图 8‑14 所示。

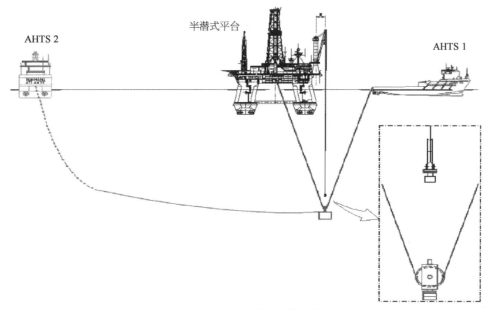

图 8‑14　滑轮法安装深水管汇的原理

工程实际中，在水下管汇的上方安装一个滑轮，并在滑轮上安装两根钢丝绳（图 8‑15）。其中一根钢丝绳穿过滑轮与平台和 AHTS 1 相连，另外一根直接与 AHTS 2 相连，同时将目标管汇与平台上的吊机缆绳相连。连接完毕后，首先利用吊机将水下管汇下放至一定的水深，然后将吊机缆绳与水下管汇脱离，使得平台和 AHTS 1 通过滑轮上的钢丝绳分担水下管汇的重力载荷，开始缓慢下放。同时利用 AHTS 2 进行水下管

图 8‑15　利用滑轮法进行深水管汇的安装（1 885 m，MSGL‑RO‑01）

汇的方向定位,避免管汇下放安装时因风、浪、流等载荷作用而发生缠绕或者位置偏移。由于平台具有自动升沉运动补偿功能,故在管汇下放过程中能够减少,甚至避免波浪运动对水下管汇下放的影响,稳定性较高,能够抵御恶劣的海洋环境,但需两艘辅助船只,日租费用较高。

　　3)下摆法

　　下摆法是巴西石油公司于2003年大胆提出的一种新型安装方法,主要用来解决水下大型设备在深水和超深水中的安装问题,可应用于3 000 m水深。同年,巴西工业产权协会将下摆法安装的专利权授予巴西石油公司,是目前世界上大型水下设备在超深水中最为先进的安装方法之一。

　　图8-16所示是下摆法的安装原理。在安装时,需要借助两艘工作船来安装,即运输船和安装船。首先,水下管汇被置于安装有吊机的运输船上,利用吊机将管汇潜入接近海面的位置,然后将安装缆绳与安装船(实际安装位置)相连,如图8-16a所示。此时,要求安装缆绳比实际的安装水深稍短,且两船之间的距离大约为安装缆绳的90%。连接完毕后,运输船释放管汇,使其进行缓慢的下垂运动,同时由安装船控制安装缆绳的运动,直至其到达垂直位置,并保持平衡,如图8-16b所示。然后,通过测试安装缆绳的延伸率来确定与泥线之间的空隙,水下管汇需要与泥线保持合适的距离,以便通过安装缆绳进一步调整它的位置,当确定好位置后,便进行着床操作。

 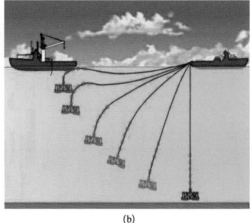

(a)　　　　　　　　　　　　(b)

图8-16　下摆法安装深水管汇的原理

8.4.2　跨接管的下放

　　水下管汇连接器和其他的水下生产设施不同,其安装和跨接管的安装有着密切的联系。跨接管和连接器由驳船运输到目标的油气田进行安装。跨接管连接器的安装涉及的施工资源包括运输驳船、工程支持船、钻井装置或浮式生产储存装置(floating production storage，FPS)，以及相关的装载架、分布梁、索具、ROV 等。

1）运输驳船

连接器和跨接管在陆上制造完成之后，通过运输驳船运送到目标油田。跨接管的重量小，对运输驳船的要求较低，但是跨接管的高度较高，在行驶过程中对驳船的平稳性有一定的要求，并且跨接管运输时的海况条件应该较好。海况条件较差，如风力等级大、波浪和海流比较严重，运输驳船的平稳性会受到很大的影响。运输驳船分为有自航能力和无自航能力两种，无自航能力的驳船需要专门的动力牵引船只，这两种驳船都可以用来运输跨接管，根据实际工程的需要可以选择不同类型、不同规模的跨接管运输船只。

跨接管和连接器在运输过程中通过装载架(图 8 - 17)支撑，装载架由两个架子构成一套，每个架子有两个主要的支撑柱，一个用来放置跨接管，另一个用来放置悬臂梁。通常，一艘运输驳船上可以放置 3～5 套装载架，若驳船体积较大，根据需要还可以放置更多的装载架。装载架与装载架之间要有足够的空间，避免装载架上的跨接管和连接器发生碰撞。装载架的下端用十字形的工字钢通过螺栓固定在驳船上，形成可以拆卸的结构。当运输驳船运完跨接管时，可以将装载架卸下，继续运输其他的设备。

图 8 - 17　放置跨接管的装载架

装载架的上端一般为半圆形的圆槽或 V 形槽(图 8-18),V 形槽可以放置不同外径的跨接管,而半圆槽用来分布梁,因为分布梁的尺寸一般固定。

图 8-18　装载架上方的 V 形槽和半圆槽

2) 施工船

根据工程的实际要求,分析制定需要配备的施工船(图 8-19),如安装船的浮吊的提升能力与提升半径应满足要求,并根据施工船舶的作业费用、日程安排,结合现场施工机具作业能力、现场的实际情况等,制定出经济、高效的作业方案。

图 8-19　跨接管施工船

如果施工船空间较大,能够满足跨接管制造的要求,那么跨接管的设计和制造可以在施工船上进行,不需要进行安装,另外也降低跨接管运输的成本。

3) 分布梁

分布梁(图 8 - 20)需要按照整体方案以及海上操作规范进行设计和制造,其在水下跨接管安装和回收时应提供足够的刚度,使跨接管的挠度和应力保持在允许范围内。安装好跨接管连接器后,分布梁与跨接管解脱。

分布梁的作用如下:

① 提升和安装跨接管。

② 限制最小化起重机的吊起角度。

③ 根据跨接管的安装要求,处理联合组块在空气中的注水重量。

图 8 - 20　分布梁

4) 索具

在分布梁和膨胀弯之间的索具应易于调节角度,索具应该考虑膨胀弯的装配重量、几何形状和硬度以及动载荷条件。

索具的结构应设计成在膨胀弯安装和回收期间由船只运动所引发的运动减到最

小。配置的索具能根据需求使 ROV 能够解开或者重新使索具连接到膨胀弯装配体上。内嵌浮力模块能为连接工具提供索具使得在松弛时索具远离工具。

设计中应该包括在提升和安装期间遇到的所有适当的影响因素和吊拉公差。索具提升笼头应具有现场调解功能。位置由控制提升的标识线提供。在海底部署之前标识线应该易于移动。

8.4.3　ROV 操作

ROV 是一种能够在水下自由移动的设备,可以完成诸如阀门的操作、液压操作和其他常规任务。当然,ROV 也可携带工具包承担诸如柔性出油管线和控制管缆的牵引和连接,以及部件更换等特别任务。

水下设备下放、安装需要使用 ROV 来协助进行。特别在水下连接器进行安装连接的时候,ROV 的辅助配合工作相当重要。

ROV 主要部分包括摄像头、光线源以及传感器组。脐带缆具有提供电气服务(动力或信号)、光纤通信(单模式或多模式)、液压或化学功能,或提供以上功能组合中的部分功能。ROV 通过脐带缆与海面上的船进行信息传输,脐带缆将船上操作人员的指令传至 ROV,ROV 将设备在海底的信息传至安装船。

安装 ROV 的船舶除了需要装有可以下放和回收 ROV 的设备,还需要有可以控制 ROV 运动路径的操作平台,以及将 ROV 和操作平台连接的电缆和遥控系统。ROV 可以搜集不同种类的信息,包括录像、拍照;如果和相关设备连接,ROV 还可以进行样本采集工作。ROV 作为声呐系统的平台,由一根脐带缆与安装船连接,且需要在 ROV 上安装各种检测与监测设备。通过安装在 ROV 上的传感器获得的三维数字地形模型和 TDP 跟踪数据为跨接管的安装提供了一个实时的三维模型。

8.4.4　安装操作与维修策略

水下管汇连接器的安装、操作、检查以及维护过程中,所需要执行的水下作业任务分类总结如下:在深水的作业条件限制下,以下所有操作都需要借助 ROV 和相配套的专用的连接器安装工具进行,但由于连接器毂座提前安装在水下管汇上,连接器上端连接在跨接管上,因此连接器的安装、操作、维修等都与水下管汇、跨接管这两部件产生联系。

1)安装

① 压力帽的拆除。

② 软着陆。

③ 锁紧与二次锁紧。

④ 密封测试。

⑤ 安装工具撤离。

2）检查外部损坏（检查作业以视觉观测为主）

① 液压泄漏。

② 牺牲阳极（外部损坏及电位损耗）。

③ 海洋生物、钙盐沉积。

④ 总体结构稳定性。

⑤ 水下连接器控制面板的可视性。

3）维护

① 控制面板。

② 更换密封件。

③ 清除海洋生物、钙盐沉积、意外沉积物。

8.5　水下连接器发展趋势

随着国内外深水石油装备制造水平的提高，水下管汇连接器的发展呈现以下趋势：

① 连接器所适合的管径尺寸范围更大，即同一种连接器安装工具可以连接更多种尺寸的管径。

② 连接器可适应水深更深的环境。

③ 连接器的下放安装工具更为简单，适合的连接器种类更多，下放安装测试的速度更快。

④ 连接器的密封性能更好，密封件的寿命更长，更换密封件更便捷。

⑤ 连接器的结构更为简单，耐腐蚀性更好，经济性更优。

水下生产系统关键技术及设备

第9章　水下多相流量计

油气田在正常的生产过程中,井流物的检测与计量对于了解整个油气田的生产和优化油藏管理具有非常重要的意义。井流物多为油、气、水三相混合,从而使得管道内的流体表现出多相流的性质。随着对深水油气资源的勘探开发,用于水下生产系统的水下多相流量计也得到越来越多的应用。

水下多相流量计由本体、电子仓、温压一体式传感器(P/T)、差压传感器(DP)、双能伽马传感器及通信控制系统组成,设计水深 1 500 m,设计压力 5 000 psi,设计温度 −18~121℃,设计寿命 20 年。测量时混合流体自下往上流经文丘里测量段,差压传感器采集文丘里喉部与入口端差压,双能伽马传感器采集透射伽马射线强度,温压一体式传感器实时采集介质温度压力,数据经过通信控制系统上传至上位机人机界面进行运算处理。

多相流量计在从地面技术向水下移植过程中,要克服水下严苛的使用环境对流量计使用寿命和可靠性的要求。其关键技术在于水下高压密封、通信控制系统及可靠性设计。水下多相流量计采用全金属密封,在伽马射线发射和接收端采用特殊的抗高压、低吸收性的密封材料。在通信控制系统设计中,将数据运算功能上移至上位机完成,有效降低了下位机工作负荷。伽马传感器、数据采集单元(DAU)、温压传感器、差压传感器等核心部件全部采用冗余设计,同时对伽马探头进行了减震、散热、元器件选型及尺寸、电路优化设计,以提高整个系统的可靠性。在材料、仪表选型及加工制造过程中,严格按照 API 6A,API 17D,API 17S 等水下相关规范要求,制定严格质量控制体系,由国际第三方权威机构挪威船级社(DNV GL)全程认证。通过静水压、气压、温度压力循环试验(PR2)、高压舱测试、氦气泄漏测试、通信测试、环境应力筛选试验(ESS)、电磁兼容性试验(EMC)、国内外第三方环线计量性能测试等一系列测试和实验,水下多相流量计的密封、通信控制系统、计量性能均达到相关国际规范要求。

本章从概述、水下多相流量计类型、主要组成部件及功能以及设计、制造、测试关键技术开展水下多相流量计的介绍。

9.1　水下多相流量计类型

9.1.1　国际主流水下多相流量计产品类型

目前世界上只有 Schlumberger、Emerson、TechnipFMC、Pietro Fiorentini 等少数几家公司具备水下多相流量计的设计、制造和安装技术。

Schlumberger 旗下子公司 OneSubsea 研制的水下多相流量计采用文丘里测量总

流量,双能伽马射线技术测量相分率。如图 9 – 1 所示,在结构上,采用集成式封装,将核心仪表及电子线路集中封装在三个独立的电子仓内。流量计提供在线和双中心两种连接方式,可与水下生产系统一起回收,也可独立回收,最高设计压力可达 15 000 psi。

图 9 – 1　OneSubsea 水下多相流量计

Roxar 水下多相流量计通过文丘里及互相关法测量液体流速,通过电阻层析成像技术与伽马密度计相结合测量相分率。如图 9 – 2 所示,在结构上采用分体式封装,可实现独立回收,也可实现电子仓回收。设计水深 3 000 m,设计压力 10 000 psi。

图 9 – 2　Roxar 水下多相流量计

MPM 水下多相流量计使用文丘里流量计、伽马探测器、三维多频介电测量系统和与多模态参量的层析测量系统结合的流动模型进行多相流流量测量。结构上采用分体式封装技术,最高设计压力可以达到15 000 psi,如图 9 - 3 所示。

Pietro Fiorentini 的水下多相流量计采用文丘里与电容电导序列相关信号测量混合流体的总流量,电容电导技术与伽马密度计测量相分率。结构上采用了分体式设计,可独立回收,设计压力最高可达 15 000 psi,如图 9 - 4 所示。

这四家公司几乎占据了整个水下多相流量计市场,其中 Schlumberger 和 Roxar 两家公司占据了超过80% 的市场份额。水下多相流量计的安装水深可达到3 000~3 500 m,压力等级 68.9~103.4 MPa,设计寿命25 年左右,气相测量精度可以达到 10% 以内,液相测量精度可以达到 5% 左右,含水精度可以达到 2% 左右。

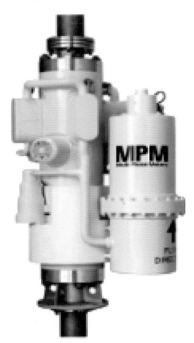

图 9 - 3　MPM 水下多相流量计

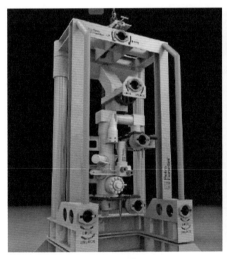

图 9 - 4　Pietro Fiorentini 的 Flowatch 水下多相流量计

9.1.2　国内水下多相流量计产品类型

海默科技的水下多相流量计采用了海默成熟的地面多相流测量技术,采用文丘里测量总流量,双能伽马射线测量相分率,结构上采用了分体式分装设计(图 9 - 5),可有效避免集成封装引起的电子设备互相干扰以及系统温升,提高整个系统的可靠性和使用寿命。在回收方面,可与采油树油嘴整体回收,不可独立回收。设计水深 1 500 m,设计压力 5 000 psi,设计温度－18～121℃,设计寿命 20 年。与已经商用的水下多相流量计相比,所设计的流量计在计量技术方面已达到行业先进水平,在设计水深、耐高压及回收方面仍有待提高。

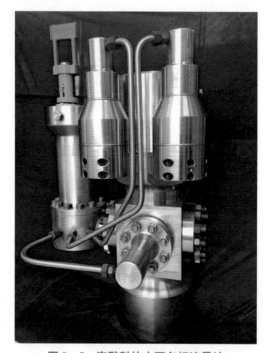

图 9-5　海默科技水下多相流量计

9.2　水下多相流量计主要组成部件及功能

水下多相流量计由流量计本体、伽马传感器、电子仓、温压一体式传感器和差压传感器组成,整体结构如图 9-6 所示。

流量计主体材料为双相不锈钢(其他材料可选),总长约 1 000 mm,采用 API 6A $5\frac{1}{8}$ in 10K 6BX 法兰连接。文丘里管为可更换式设计,可根据油井流量进行调整。

流量计主体上连接两个互为备用的水下差压传感器,用于将文丘里喉部和入口处

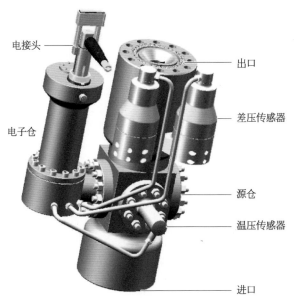

图 9-6　水下多相流量计整体结构

的差压信号传输至流量计算机,独特的环形取压腔保证了取压口不会产生憋压。流量计使用自带冗余的温压传感器,用于将介质温度和压力信号传输至流量计算机。

　　包含放射源仓及伽马探测器的伽马传感器安装在文丘里的下方,从源仓发射出的伽马射线经过准直之后穿透被测介质被吸收,剩余的射线照射在正对的伽马探测器上。伽马探测器将测得的伽马射线强度信号传输至流量计算机。流量计算机位于电子仓内,其关键元件和数据采集系统都采用了冗余设计。流量计算机将采集到的差压信号换算成流体流量数据,根据伽马射线强度信号计算出被测介质的含水率和含气率,并以此计算出各单相的流量。结合温压传感器测得的压力和温度信息可以实现各单相流量工标况之间的转换。经处理的数据通过电子仓上部的电飞线以 Modbus RTU(RS-485)的通信协议传输给 SCM。

9.3　设计关键技术

9.3.1　水下高压密封技术

9.3.1.1　水下多相流量计本体

水下多相流量计本体采用 API 6A $5\frac{1}{8}$ in 10K 6BX 法兰连接,总长度为 1 000 mm,通

径 66 mm,材料为 UNS S31803(其他可选)。本体上有多个传感器和其他零部件接口,包括温压一体式传感器接口、2 个差压传感器接口、放射源仓和电子仓接口等,其结构如图 9-7 所示。

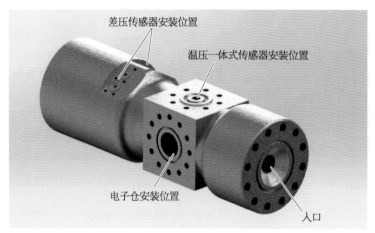

图 9-7　水下多相流量计本体结构

本体出口端相应位置开设有密封座的测试孔,用于密封测试。承受介质高压的伽马放射源与电子仓安装端口采用了螺纹连接,通过金属 O 形圈实现与外部海水的密封;内部接液部分采用钛合金或陶瓷密封垫进行密封,保证足够的密封强度和伽马透射能力。

文丘里出口设计了 API 6A $5\frac{1}{8}$ in 10K 6BX 法兰密封垫环槽,提供出口法兰的密封,如图 9-8 所示。

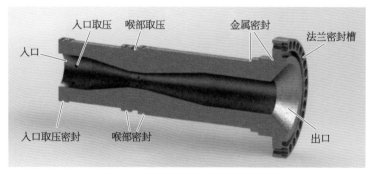

图 9-8　水下流量计文丘里实际结构

文丘里入口取压通过入口取压密封(塑料密封)进行,入口取压和喉部取压之间通过中部 O 形圈密封,喉部取压口同本体之间通过 O 形圈密封。文丘里管右端小台阶设计用于安装限位,端部与出口法兰进行密封。

9.3.1.2　电子仓

水下多相流量计的电子仓对所有传感元件及电子硬件进行了系统集成，主要包含仓体、底座和内部的电子硬件，如图 9-9 所示。

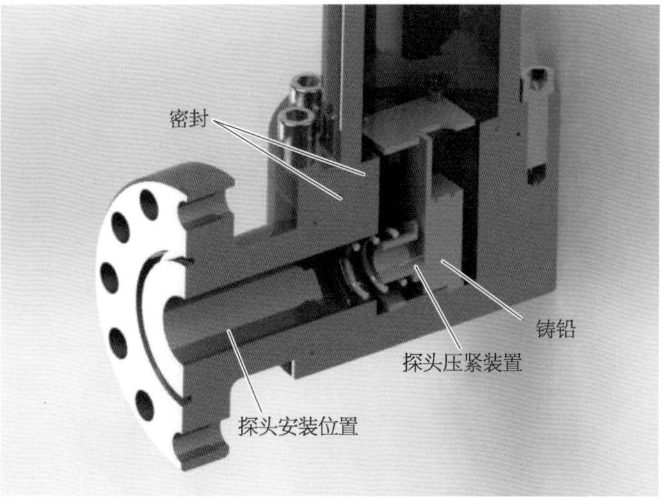

图 9-9　水下多相流量计电子仓结构示意

底座上有各传感器接口设计，穿过底座与仓体内部数据采集板卡连接。同时开设与本体之间的接口，将电子仓固定在本体上。伽马探头位于连接处中部。底座底部还设计了密封测试孔。

为方便更换电接头，采用了安装套筒设计，套筒与电子仓之间通过 O 形圈密封。

底座同仓体之间通过螺栓连接，通过 Inconel 718 金属密封和 O 形圈及挡圈双重密封，如图 9-10 所示。

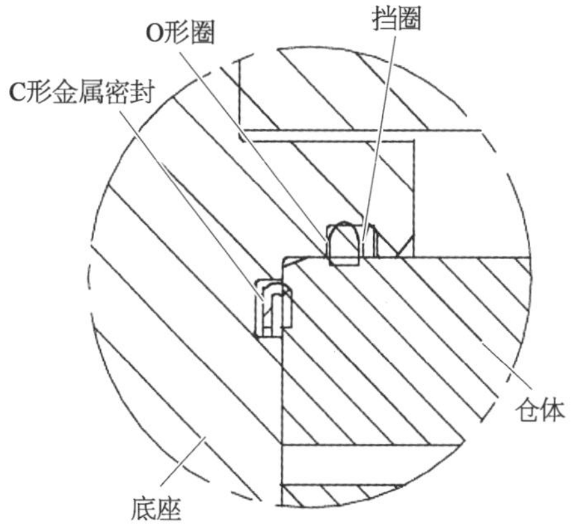

图 9-10　电子仓底部密封

电子仓主体及电缆外部管道采用双相钢 UNS S31803，仓内充满干燥氮气。

9.3.1.3　传感器

流量计本体外安装有一个温压一体式传感器，进行工况条件下流体的实时温度和压力监测，如图 9-11 所示。

温压一体式传感器接入口位于本体中部，文丘里管入口前部，通过 API 6A $2\frac{1}{16}$ in 10K 标准法兰同本体连接，通过相应密封垫环密封。温压一体式传感器有双重压力和温度测量功能，自带冗余。

流量计本体外部还安装有两个差压传感器,用于测量文丘里高低压引压端的差压,如图 9‑12 所示。差压传感器有两个取压口,第一个连至文丘里管入口处取压通道,另一个连接至喉部取压口。

图 9‑11　温压一体式传感器

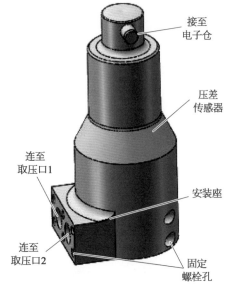

图 9‑12　差压传感器

差压传感器底部是 UNS S31803 材料安装座,通过螺栓连接至本体。连接位置处开设了两个密封槽,分别安装 C 形金属密封和 O 形圈进行密封,如图 9‑13 所示。

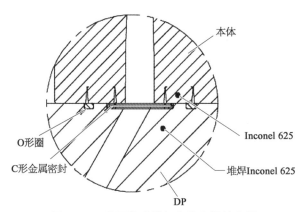

图 9‑13　差压传感器与本体之间的密封

9.3.1.4　源仓探头接液端密封设计

伽马传感器与探头接液端密封除了要保证足够的密封强度,还要保证足够的伽马射线穿过介质和密封垫到达探测器,因此,要求密封垫必须有足够高的强度和足够低的伽马射线吸收系数。

密封垫结构分析重点关注陶瓷密封垫在内部试验压力作用下相关力学参数,根据结构设计及载荷情况,选用四边形单元 CAX8R 与 CAX4R 相结合的网格类型进行划分,对金属密封环以及密封接触区域进行局部网格细化。

9.3.2　通信控制系统设计

水下多相流量计通信控制系统由上位机和下位机控制系统组成,下位机控制系统主要负责仪表数据采集处理并向上位机传输仪表采集处理结果;上位机为人机界面控制系统,负责仪表参数的输入保存、流体模型运算、测量结果输出保存等功能。

下位机控制系统采用冗余方式设计,由两套处理系统组成,每套系统以 ARM 处理器为系统处理中心,集成了串口通信电路、数据存储电路、电源及其管理系统电路。

上位机控制系统主要由人机界面和系统算法组成。人机界面包括测量界面、参数设置界面、标定界面、数据查询界面;系统算法主要包括流量计算模块、相分率计算模块、PVT 计算模块。通信控制系统示意如图 9-14 所示。

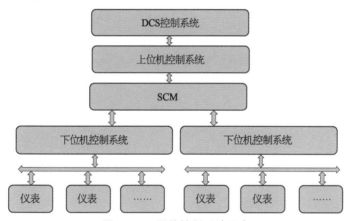

图 9-14　通信控制系统示意

9.3.2.1　下位机控制系统

下位机控制系统基于 ARM®32 位 Cortex®- M4 构架,其标准配置由 CPU 主板、通信卡,以及专门为数据采集单元(data acquisition unit,DAU)提供稳定电源的电源板等组成。

整个数据采集系统采用冗余设计方案,有两个数据采集单元同时工作,主数据采集单元(DAU1)和备用数据采集单元(DAU2)。主数据采集单元连接 4 个主测量仪表,可监听 4 个备份测量仪表;同样,备用数据采集单元也连接 4 个备份测量仪表,也可监听 4 个主测量仪表。正常情况下,两个数据采集单元同时工作并且各自访问自己的仪表,即热备份。当出现故障后,可以通过上位机给能够正常工作的数据采集单元下发指令,使其可以访问另外一台故障数据采集单元的仪表,实现交叉访问,以最大化利用备份仪表的作用。

为了满足水下仪表长工作寿命的需要,所有仪表采用数据传输,避免了模拟电路的时漂问题;同时采用最新的技术,应用最新的芯片全新设计,降低功耗,降低数据采集单元的工作温度,延长了其工作寿命;采用多重保护电路,防止异常情况下对数据采集单元的损害。

9.3.2.2 上位机控制系统

上下位机通过水下控制模块(SCM)与水上控制系统连接,接口为 RS-485,通信协议采用 Modbus RTU,数据传输速率为 9 600 bit/s。主要传输参数如下:共 24 个寄存器,48 个字节,384 个数据位,每秒上下位机通信一次。

9.3.3 高稳定性伽马探头

根据水下项目的特殊需求,对伽马探测器结构从散热设计、减震设计、结构尺寸、晶体选型等方面进行了优化设计。

9.3.3.1 散热设计

光电探测器的寿命主要取决于工作温度和阳极电流。采用导热良好的铝合金材料作为探测器外壳,将探测器热量快速向温度较低的后端传导;前端采用了隔热性能较好的非金属材料,后端采用了紧密的热耦合结构,使热量及时扩散,达到降低探测器温度的目的。

9.3.3.2 减震设计

光电探测器属于电真空器件,对抗震有一定要求。为了杜绝因安装或运输途中发生的剧烈碰撞可能造成的损坏,在关键器件光电倍增管(photomultiplier tube,PMT)的两端都增加了减震或缓冲装置,大幅提升了其抗震性能。

9.3.3.3 结构设计(尺寸优化)

因水下多相流量计安装在采油树或管汇上,对重量和尺寸都有严格的要求,为此需要专门针对水下应用开发尺寸更加小巧的光电探测器,如图 9-15 和图 9-16 所示。

9.3.3.4 元器件选型及电路优化设计

在电路层面,需要进行元器件选型及电路优化设计。

1) 元器件选型

水下应用不同于地面,寿命要求大幅度提高。首先需要选择性能优越、使用寿命长的元器件,电容器剔除了液态电解电容,全部使用固态电容;芯片和电阻器选用成熟产品。引线全部采用耐高温导线,绝缘强度满足要求的产品。

2) 电路优化设计

前置放大器电路严格按照产品要求精细设计,反复测试,确保产品的性能指标。需要增加温度测量和补偿功能,可实时监测探测器工作温度,并对由此引起的信号幅度和计数变化进行补偿,提升水下多相流量计的稳定性。

图 9‑15　探头内部结构　　　　图 9‑16　探头优化(右侧是优化后尺寸)

9.4　制造关键技术

依据前述设计工作成果及相关标准的要求,研究并编制水下多相流量计的制造、装配及检验工艺程序,最终完成样机制造和装配。

9.4.1　电子仓焊颈法兰的焊接工艺

电子仓焊颈法兰的焊接是关键加工工艺。水下多相流量计模块中涉及的焊接类型有三种:线缆管对接焊、金属密封槽堆焊以及法兰对接焊。

电子仓底座和法兰母材为双相钢,焊接方法采用 GTAW 焊接(钨极氩弧焊),直流正极性。

9.4.2　本体装配

水下多相流量计本体部分主要由本体、文丘里及相关密封组成。

陶瓷密封垫装配前,在本体内部通道内先放入一根大小接近的塑料或木质棒,用于密封垫的定位,然后放入陶瓷密封垫,调整位置使其同上部台阶齐平。

装入源侧压紧座,通过螺钉固定,实现陶瓷密封垫的压紧,并提供 C 形环的密封力。

装配完成之后,翻转本体,进行探头侧压紧座的装配,密封圈和陶瓷密封垫的装配流程与源侧一致,装配完成后将探头压螺装入对应位置,通过螺钉进行锁紧。

9.5 测试关键技术

9.5.1 机械性能试验

需按照 API SPEC 6A—2010 及 GB/T 22513—2013 的要求分别进行静水压试验、压力循环试验、气压试验、压力/温度循环试验。所检结构为水下多相流量计本体,如图 9-17 所示。测试前,用陶瓷垫及对应的压螺等分别封住放射源及探头侧,温压传感器接口侧通过测试法兰封堵,并封堵其余接口。

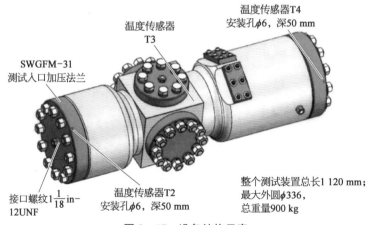

图 9-17 设备结构示意

通过静水压试验、压力循环试验,可以验证水下多相流量计本体机械结构承压性能及金属密封圈的密封性;基于此试验,再通过气压试验进一步验证水下多相流量计本体结构中各种密封形式的密封性能。通过压力/温度循环试验验证水下流量计本体在极限高低温、高低压工况所带来的本体及密封圈形变情况下的密封性能和可靠性。

9.5.1.1　静水压试验

通常静水压试验压力为 7 500 psi(51.7 MPa),压力从零升压至试验压力的 25%,保压 1 min,继续加压至试验压力的 50%,保压 5 min,继续加压至试验压力的 75%,保压 5 min,加压至试验压力,保压 15 min。保压期间无可见泄漏,单项判定符合。

9.5.1.2　压力循环试验

压力循环试验的压力从零升压至 5 000 psi(34.5 MPa),然后泄压。重复上述步骤 2 次。压力从零升压至 7 500 psi(51.7 MPa),保压 3 min,然后泄压。再次升压至 7 500 psi (51.7 MPa),保压 15 min。保压期间无可见泄漏,单项判定符合。

9.5.1.3　气压试验

压力从零升压至 300 psi(2.0MPa),保压 15 min,泄压。再次升压至 5 000 psi (34.5 MPa),保压 15 min。保压期间无任何可见气泡,单项判定符合。

9.5.1.4　压力/温度循环试验(PR2)

① 加热整个设备到 121℃,施加压力 5 000 psi(34.5 MPa),保压 1 h,泄压。保压期间压降为 −0.4 MPa,单项判定符合。

② 冷却温度至 −18℃,施加压力 5 000 psi(34.5 MPa),保压 1 h,泄压。保压期间压降为 0.7 MPa,单项判定符合。

③ 温度升至室温,施加压力 5 000 psi(34.5 MPa),加热温度到 121℃,升温过程中,压力保持在 50%～100%,在试验压力 5 000 psi(34.5 MPa)下保压 1 h。在保持试验压力 5 000 psi(34.5 MPa)的 50%～100%时,冷却设备至 −18℃,在试验压力 5 000 psi (34.5 MPa)下保压 1 h。升温至室温,其间保持压力 5 000 psi(34.5 MPa)的 50%～100%,泄压,单项判定符合。

④ 加温至 121℃,施加压力 5 000 psi(34.5 MPa),保压 1 h,泄压。保压期间压降为 −0.3 MPa,单项判定符合。

⑤ 冷却至 −18℃,施加压力 5 000 psi(34.5 MPa),保压 1 h。保压期间压降为 0.7 MPa,单项判定符合。

⑥ 温度升至室温,施加压力 5 000 psi(34.5 MPa),保压 1 h,然后泄压。再次施加压力 5 000 psi(34.5 MPa)的 5%～10%,保压 1 h。保压期间压降分别为 −1.4 MPa、0 MPa,单项判定符合。

9.5.2　计量性能测试

水下多相流量计可以基于文丘里和伽马射线技术在线测量单井气量、液量和含水率。为了充分验证设备测量精度,需要在多相流环线进行计量性能测试,通过设计不同的油气水配比来检验设备在不同工况及不同流量下的测量性能。

9.5.3 环境应力筛选试验

通过对元器件、产品施加一定的环境应力,以激发并剔除因工艺或元器件引起的、用常规检验手段无法发现的早期故障,以达到提高产品可靠性的目的。典型的环境应力筛选为随机振动、温度循环和电应力,根据水下多相流量计的实际情况,选择环境应力筛选试验。

9.5.4 环境试验

通过环境试验可以进一步检测产品在各种环境极值条件下的工作能力。根据 API 17F 要求,对水下流量计主要进行高温试验、低温试验、振动试验、冲击试验等。

9.5.5 电磁兼容性试验

通过对水下多相流量计电子仓进行电磁环境效应试验,验证其对各类电磁环境的适应性。参考标准包括 IEC TR 61000 - 4 - 1:2016 Electromagnetic compatibility (EMC) - Part 4 - 1:Testing and measurement techniques — Overview of IEC 61000 - 4 series 和 GD 22—2015《电气电子产品型式认可试验指南》等。测试项目包括辐射骚扰试验、静电放电试验、辐射抗扰度试验、电快速瞬变脉冲群等。

9.5.6 高压舱测试

为验证水下多相流量计产品承受外压能力是否满足设计要求,需要利用高压舱模拟水下多相流量计在深水外压下的工作情况,参考 API 6A、API 17D、API 17S、ISO 10423:2009 等标准需要分别进行整机和电子仓的高压舱测试。

整机测试中保压期间无可见泄漏,4 h 最大压降为－0.13 MPa,满足要求,DAU 上电后通信正常,测试结束后需拆除本体进口法兰和电子仓顶部盲法兰,检查内部是否有渗水现象。

电子仓测试中,保压期间无可见泄漏,保压 4 h 最大压降为－0.16 MPa,满足要求,测试结束后分解电子仓,需检查内部是否有渗水现象。

9.5.7 氦气泄漏测试

鉴于水下多相流量计的恶劣应用环境、超长寿命要求特别是稳定性和安全方面的要求,需要充分验证样机的密封性能。为进一步验证水下多相流量计的可靠性,特别是流量计整体的密封性能,需采用氦气质谱泄漏检测技术进行密封性检测。该技术具有检漏灵敏度高、可靠性好、对漏孔既能定位又能定量等优点,在化工、航天及原子能等领域有广泛应用。

水下生产系统关键技术及设备

第 10 章　水下变压器

水下变压器是水下变配电设备,多为降压变压器,其主要作用是通过电压变换为水下用电设备提供所需的电压等级。水下变压器主要由变压器本体(铁芯和绕组)、变压器箱体、储油柜(或压力补偿器)、综合在线监测装置、输入电连接器、输出电连接器和底座组成,如图10-1所示。外部的油箱、储油柜和电气连接器都需要具有优良的耐海水腐蚀(或侵蚀)、抗海水水压、防渗透、绝缘等性能,所以变压器外部所采用的结构、材料等需要专门的设计。变压器内部由变压器铁芯、绝缘油、变压器绕组等组成。

水下变压器主要为水下增压泵、压缩机、管道加热系统、水下配电系统、水下变频器和海浪中枢系统等大型电力负荷供电。水下变压器的作用是扩大供电半径,应用于平台/陆上变频逆变器-水下变压器方案。

10.1　国内外研究现状

在水下变压器设计生产领域,ABB公司起步比较早,发展比较快,图10-1所示为ABB公司的水下变压器。ABB公司产品容量范围大,从750 kV·A到20 MV·A均有相关的设计经验,是目前全世界水下变压器的主要供货方。

图10-1　ABB水下变压器

ABB公司自1985年以来一直在开发水下变压器。1999年,有两台ABB公司出产的水下变压器应用在500 m水深的海底工程中为水下增压泵供电,其额定容量为1.6 MV·A,额定电压是11 kV/1 kV。从那时起ABB公司逐步开发较大容量变压器,

图 10-2　ABB 深水变压器

并且保持着可靠的最新产品和技术。

图 10-2 所示为 ABB 公司生产的深水变压器,该变压器约 2.5 m 高、3.5 m 长、1.2 m 宽,可以容纳约 4 m³ 绝缘油。水下变压器需安装在海床上的基架上,要求其能免维护。

水下变压器安装在水下油气田,在这种极端恶劣的环境中运行工作,所以不同于陆地上的变压器,水下变压器在密封、抗压、绝缘等技术方面面临着巨大的挑战。ABB 公司近 35 年来一直在开发水下变压器技术,其最新的水下变压器坚固、强大、性能优良,能够在 3 km 深处运行,设计最大容量为 210 MV·A。据 ABB 公司统计,1988—2014 年国外完成近 30 项海底开发工程,其中有 10 个项目使用了水下变压器,涉及赤道几内亚、英国、墨西哥、澳大利亚和挪威等国家,其中挪威海底项目最多(20项),尚无故障报告。ABB 公司已建设 132 kV,20 MV·A/225 kV 和 22 kV/165 MV·A,甚至更高额定值的水下变压器,将为世界上最大的天然气田——挪威的 Ormen Lange 及时交付测试设备。图 10-3 所示为水下变压器安装示意图。

图 10-3　水下变压器安装示意

此外,GE 公司和 ABB 公司合作,也开展了水下变压器及相关水下电力输配电系统研究。其设计的水下变压器为完全的金属密封或为防止海水渗透采用双重防水措施。水下变压器由变压器绝缘油填充,并通过压力补偿装置来保证变压器体积不会随着温度变化而变化太大。

图 10-4 所示为西门子公司在 Trondheim Norway 项目中设计的 3 MV·A、36 kV/7.2 kV 水下变压器。采用波纹管式压力补偿器,输入输出电连接器布置在两侧下端,进出线方便。

图 10-4　西门子水下变压器

国内针对水下变压器目前处于研究阶段,国家科技重大专项"十三五"课题与国内科研院所联合攻关,开展了水下变压器样机制造。

10.2　水下变压器组成

水下变压器主要由变压器本体(铁芯和绕组)、变压器箱体、压力补偿器、综合在线监测装置、输入电连接器、输出电连接器和底座组成。其中变压器本体安装在变压器箱体内部,箱体内部充满变压器绝缘油;压力补偿器与变压器箱体贯通相连,用于补偿箱体压力和油液体积变化;综合在线监测装置安装在变压器箱体侧壁的监测舱内,用于监测变压器一、二次回路电压、电流等电气参数以及变压器温度、压力、绝缘油状态等物理参数。使用过程中,变压器箱体通过下盖与变压器底座连接。

由于水下变压器安装、运行都在海底,维护维修成本高,所以要求其具有很高的运行可靠性。一般地,变压器故障发生在变压器内部,如短路故障,主要是由于变压器内部的绝缘遭到破坏。变压器内部的气泡会降低绝缘水平,所以必须将变压器内绝缘油中的空气气泡和变压器充气外壳内的气泡消除,并且开发出压力补偿系统,使变压器内部压力和外界水压相接近。

变压器运行时会发热,为减小绝缘油的膨胀,一般填充的绝缘油不但具有良好的绝缘性能,还需要有低膨胀系数、化学性质稳定、不与变压器中元件发生化学反应等性能(这与陆地上的要求是一致的),绝缘油在装入变压器之前需经过脱气处埋。在运行中,变压器产生的热量可能会加速海水的侵蚀。变压器的自然对流冷却也有可能吸引海洋生物吸附在外壳表面。这些因素决定必须采用特殊的优质钢材料作外壳。

10.3 设 计 技 术

10.3.1 设计要求

1) 设计寿命要求

除非另有规定,否则水下变压器的设计寿命为 30 年。

2) 电气要求

① 水下变压器的 U_m 值应根据 IEC 60076-3(IEEE C57.12.00)中确定的设备最高电压标准值进行选择。

② 绕组绝缘应均匀,中性点应均匀绝缘,中性点额定电流应等于对应变压器绕组端子的额定电流。

③ 如特别规定,在最终组装前,可能需要抽头进行匝数比调整。安装抽头时,应采用螺栓连接,且在变压器箱密封后不得更换。

④ 如需安装中性点接地电阻(neutral grounding resistors, NGR),则应具体说明。NGR 应具备以下特点:额定电压应大于或等于变压器的线到中性点的电压;NGR 应在额定条件下持续工作。

⑤ 电源端子(适用时包括中性点连接)上所用穿透器和连接器应符合 SEPS-SP-

1001。仪表监测和控制用穿孔器和连接器应符合 API 17F。

⑥ 除非特别规定或约定，否则高压与低压绕组间应有静电屏蔽，以防由于电容耦合而造成电压瞬变。静电屏蔽应接地。

⑦ 如果箱体材料为非磁性，则需额外磁性内部屏蔽，以防相邻设备的电磁兼容问题和外部材料的潜在温升问题。

⑧ 除非另有规定，否则变压器磁芯的尺寸应可确保磁芯在 110% 额定电压下持续运行，参考主要抽头和额定功率。为尽量减少芯钢在额定电压以上运行时的饱和影响，无谐波降额的芯钢磁通密度不得超过 1.8 T（在 110% 额定电压下）。存在谐波时，1.8 T 的最大磁通密度应按规定的谐波降额要求降低。磁芯、框架及箱体等所有金属部件应接地。变压器磁路的芯片应与芯夹结构连接。

3）机械要求

振动、拉伸和压缩不得影响水下变压器在储存、运输和安装期间及设计寿命期间的后续功能或质量。

4）密封要求

含附件的变压器箱结构应符合下列要求：

① 水下变压器（包括所有附件）应在海水和电导体/带电部件之间至少设立两个密封屏障。各屏障应在型式试验中可测试，在常规试验过程中至少一个屏障可测试。

② 各密封屏障应单独设计并能连续暴露于海水中（在所需绝对设计压力下）。其中一个密封屏障失效不会损害另一个密封屏障的功能或完整性。当仅一个密封件运行时，水下变压器也应充分发挥功能并在其规定的电气要求范围内运行。

③ 如所有焊缝点均经过全面质控检验，则将焊接的金属静电外壳当作外部水与带电导体间的充分水密封屏障。

④ 密封件应在所有运行条件下符合连续水下作业的要求。

⑤ 所用材料应与所有适用连接材料和液体兼容，且当一个密封屏障失效时亦兼容。

⑥ 应尽量减少使用测试口/填充口进行密封测试。应谨慎考虑引入试验穿透的部位，以免引入新的潜在泄漏路径并降低主密封件的完整性等级。密封试验口应在使用后塞紧并密封。

5）材料要求

① 水下变压器（包括附件）所用材料和组件应合格并在产品寿命期限内适用于相关设备、应用和环境。水下变压器（包括附件）在整个设计服务期限内应根据操作要求与相关流体/材料兼容。

② 在制造水下变压器前，应编制一份材料选择报告。

③ 22 Cr、25 Cr duplex 和 6 Mo 合金钢应根据 Norsok M-650 进行初审。

6）绝缘液体要求

选择绝缘液体时，至少应考虑如下方面：

① 与变压器内部材料兼容。所用材料不得损害绝缘液体的热性能和电气性能。

② 应在热分析中对压力和温度影响进行评估。

③ 液体密度与水密度相关,确保水的潜在移动和/或侵入不会在水下变压器内部关键区域聚集。

④ 应根据所选液体的适用 IEC/IEEE 标准,采用标准化试验对变压器工厂的液体性质进行监测。应重点关注如下特性:绝缘强度、水稳定性/饱和度、清洁性、干燥性、溶解气体等。

⑤ 如果使用了禁止矿物油,则应遵照 IEC 60296 第 4 版表 2 中的禁止油类基本要求和 7.1 节的特殊要求或 ASTM D 3487 第 Ⅱ 类;根据 IEC 62535 和 ASTM D 1275 方法 B 将其作为非腐蚀材料进行测试。

10.3.2 关键技术

1) 压力补偿装置设计技术

水下变压器在深海工作过程中同时承受压力和热作用。如果水下变压器箱体内有海水渗入,将导致变压器故障。为了保证密封和可靠性,水下变压器箱体内部压力高于外部压力,压差要求为 0.02～0.04 MPa。因此,除其他考虑外,应保证水下变压器在额定压力和额定功率下正常和可靠运行。

压力补偿器是保证水下变压器运行的主要措施之一。压力补偿器是一个弹性元件,在水下变压器上同时发挥压力补偿和体积补偿作用。

传统的压力补偿器有皮囊式、金属薄膜式和波纹管式三种(图 10-5),虽然压力补偿器的形式多样,但共同特点是均带有弹性元件,允许一定的弹性形变,通过弹性元件感应外界海水压力,并将其传递到液压系统内部,使液压系统的回油压力与外界海水压力相等。为防止海水渗入到液压系统内部,通常在压力补偿器中设置弹簧,使液压系统的回油压力略高于外界海水压力。

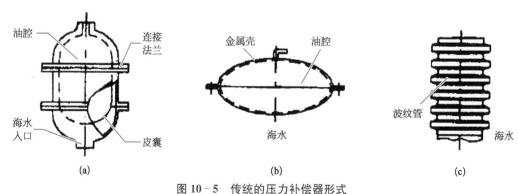

图 10-5　传统的压力补偿器形式

(a) 皮囊式;(b) 金属薄膜式;(c) 波纹管式

皮囊式压力补偿器采用皮囊作为弹性元件,皮囊惯性小,反应灵敏,适合用作消除脉动,维护容易、附属设备少、安装容易、充气方便。由于皮囊的形状决定了其径向变形阻力比轴向变形阻力小,因此压力补偿器工作时皮囊的变形主要是径向变形,但这种变形方式不便于设置弹簧,如果采用活塞结构设置弹簧,迫使皮囊只发生轴向变形,一方面单一轴向的变形量会比自然形状下的变形量小得多,另一方面由于皮囊的壁较厚,发生轴向变形时的阻力较大,并且轴向变形量和驱动力成非线性关系,会对补偿压力产生较大影响。

金属薄膜式压力补偿器采用薄壁金属作为弹性元件,由于金属的变形阻力较大,驱动力产生的变形量有限,因此这种压力补偿器能够补偿的液压油体积较小,且结构上不便于设置弹簧。

波纹管式压力补偿器采用可伸缩的波纹管作为弹性元件,由于波纹管的伸缩量较大,因此这种压力补偿器能够补偿的液压油体积较大,但由于其轴向变形量与驱动力成非线性关系,因此会对补偿压力产生较大影响。

现有的压力补偿器大多采用滚动膜片作为弹性元件,滚动膜片由橡胶等纤维织物复合而成,既是密封元件又是压力传递的敏感元件。滚动膜片在自由状态下的形状如同一个礼帽,由夹有丝布的橡胶制成,丝布是滚动膜片的骨架,主要起到增加强度的作用,橡胶则起到密封的作用。滚动膜片的顶部通常设有中间孔,用于安装活塞,活塞带动滚动膜片在活塞缸内运动,活塞与活塞缸之间留有一定的间隙,活塞运动时,膜片沿着活塞缸内壁做无滑动的滚动,所以称为滚动膜片。为了便于安装和密封,滚动膜片底部通常设计成 O 形边或周边带孔等形式。

2) 深海环境防腐技术

深海防腐技术主要有使用牺牲阳极和防腐油漆的方法进行水下变压器外防腐。

① 防腐油漆

ISO 12944 - 5 建议使用环氧类、聚氨酯类或硅酸乙酯类油漆。NACE 0108—2008 同样推荐使用大于 $350\,\mu m$ 的两层高固体环氧涂料。

② 牺牲阳极

外防腐所使用的阳极形式为细长加芯型。这种形式的阳极的利用系数 u[即电流输出 $I_a(A)$ 与净阳极质量 $M_a(kg)$ 之比]高,并且此种牺牲阳极形式是水下平台阴极保护的首选。外防腐所使用的阳极成分,确定为以金属铝为主要成分的铝-锌-铟-硅牺牲阳极。该种牺牲阳极可以应用于水下变压器防腐设计中。

3) 深海环境防污技术

由于设备需要长期在海水中使用,因此极易受到海洋生物的附着。如果海洋生物长期附着在设备表面,一方面会逐渐腐蚀设备外壳,降低壳体的强度;另一方面会增加设备与海水之间的热阻,从而降低设备的热性能,因此防止海洋生物的污染也是各个设备的重点。

目前,防污技术主要有涂装防污涂料法、电解海水防污法、机械清除法和导电涂膜法等。涂装防污涂料是其中最经济高效的方法。

4）静密封技术

对于中低压静密封,可以采取橡胶 O 形圈、异形橡胶密封垫等结构。针对橡胶 O 形圈、异形橡胶密封垫等结构的静密封,需采用橡胶材料,由于设备需要在深海中长期使用,材料不仅要满足特定结构的密封性能,还要具有防霉菌性能。而普通橡胶材料不具备防霉菌性能,所以可针对不同零件的结构特点、作用及接触介质要求,如耐酸、耐碱、耐油、耐不同使用温度范围的要求,选择不同的橡胶种类,如丁腈、三元乙丙橡胶、氟橡胶等。

对于超高压或者超高、低温等特殊使用环境的静密封,可以采取软金属、金属喷涂塑料、塑料填料等结构形式,这种结构可靠,拆装方便,密封性能较好,同时对装配要求较高,但是部分密封结构存在一定量的泄漏。

5）综合在线监测技术

为提高深海电气设备实时监测能力,提高运行可靠性,提出了水下变压器综合在线监测技术。该技术结合陆上变压器监测系统,进行相应的整合拓展,对相关传感器和电气装置进行耐压设计。综合在线监测技术主要对水下变压器的绝缘状态、电气参数、油质水平、温度、压力等各项关键指标进行在线监测,保证系统运行可靠性。综合在线监测系统组成如图 10-6 所示。

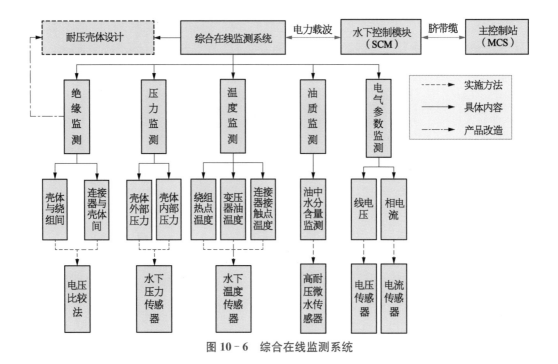

图 10-6　综合在线监测系统

(1) 变压器油质监测

在电力设备运行和维护中,需要对关键变压器进行故障气体、微水含量等多种项目的测量,以实时判断变压器的运行状态。GB/T 7252—2016《变压器油中溶解气体分析和判断导则》定义了对判断充油电器设备内部故障有价值的特征气体,即氢气(H_2)、甲烷(CH_4)、乙烷(C_2H_6)、乙烯(C_2H_4)、乙炔(C_2H_2)、一氧化碳(CO)、二氧化碳(CO_2),并说明氧气(O_2)和氮气(N_2)可作为辅助判断指标。

(2) 故障气体检测

利用光声光谱技术实现变压器油中故障气体的监测。光声光谱是基于光声效应的一种光谱技术。光声效应是由分子吸收电磁辐射(如红外线等)而造成的。气体吸收一定量电磁辐射后其温度也相应升高,但随即以释放热能的方式退激,释放出的热量则使气体及周围介质产生压力波动。若将气体密封于容器内,气体温度升高则产生成比例的压力波。监测压力波的强度可以测量密闭容器内气体的浓度。

(3) 油中微水检测

油中微水检测主要利用微水传感器,目前使用的有维萨拉 HUMICAP® 油中水分变送器、油中微量水分变送器 MMT162(20 MPa)等。

(4) 温度监测

目前使用的有维萨拉 HUMICAP® 油中水分和温度变送器 MMT332(0～25 MPa,−40～180℃),西门子 WEPS‑100 系列(0～103 MPa,−40～180℃)等。

(5) 压力监测

目前使用的有西门子 WEPS‑100 系列(0～103 MPa,−40～180℃),西门子 SDP‑6 dp 压差传感器。

(6) 在线绝缘监测

采用电压比较法,选取直流激励;在线绝缘监测装置输出高压直流电,通过串联电阻 R_0 得到回路电流值,最终得出测量点两端之间的绝缘电阻值 R_x。主要监测对象为一、二次绕组与壳体之间绝缘电阻;连接器与壳体之间。整个监测系统置于压力容器中。图 10‑7 所示为绝缘监测基本原理。

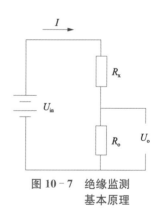

图 10‑7 绝缘监测基本原理

6) 水下干式/湿式电连接器技术

全球主要的设备供应商包括 GE Vectory、ODI、EXPRO SpecTron 和 BENNEX 公司等。其中 GE Vectory 和 EXPRO SpecTron 能够提供高压大功率的电气连接器产品,也能提供成熟的水下低压电气和仪器仪表、光纤通信设备连接器产品。ODI 和 BENNEX 公司的连接器产品主要为水下低压电气和仪器仪表、光纤通信设备连接器产品。

（1）水下干式连接器

水下干式连接器是高压终端系统的重要组成部分，它可以用于压力补偿系统，也可以作为一个高压屏障嵌入到压力容器中，是用来连接高电压的功率电缆和海底电气设备（主要是电动机）的连接件。

（2）水下湿式连接器

水下湿式连接器对于水下高压电缆具有很高的可靠性。这种连接器利用了干式连接器的技术，并且在连接器内部有一个独特的原位介质空调系统。它可以确保在水下有一个可靠的连接。

10.4 测 试

10.4.1 测试要求

1）一般要求

水下变压器测试需参照 IEC 60076 - 1、IEEE C57.12.00 和 IEC 61378 - 1 中的一般试验要求，需尽可能地参考相关 IEC 和/或 IEEE 标准。

作为型式试验的一部分，应在认为必要时进行拆卸和检查。

如有需要，传感器应纳入试验设置中，以监测适用参数，如压力、温度和电气性能。传感器还应能够测量压力补偿区和压力补偿器之间的压差。

试验中所用所有测量系统均应具有认可的可追溯性准确度，并须根据 ISO 9001 第7.6 条的规定定期校准。

应对翻修或维修过的变压器进行介电强度试验，除非另有约定。

2）人工海水要求

针对在人工海水中进行的试验，应满足以下要求：

① 人工海水应符合 ASTM D1141 - 98。

② 盐度应约为 3.5%（海盐＋自来水），含约 1.5%（质量百分比）的泥沙。

③ 粒度分布应符合 ISO 12103 - A4 粗试验粉尘。

试验前应确立、记录并验证海水的成分和温度，试验期间应提供并保持海水循环。

3）试验电压等级

试验电压等级应满足表 10 - 1 所列要求。

表 10-1 试验电压等级

设备绕组最高电压 U_m/kV	全波雷电冲击 (LD)/kV	外施电压 (AV)/kV	扩展常规试验的外施电压降低等级(AV-R)/kV
3.6	40	10	4.5
7.2	60	20	9
12	95	28	15
17.5	95	38	22
24	145	50	30
36	170	70	45
52	250	95	65
72.5	325	140	90
100	450	185	
123	550	230	160
145	650	275	190

10.4.2 型式试验组成

1) 组件型式试验

包括有：材料和组件试验,制造和焊接、氦气泄漏控制试验,液浸式变压器的压力泄漏试验、压力挠曲试验,真空密封性试验,真空挠曲试验,压力补偿器的长期压力循环、油样试验,中性点接地电阻试验。

2) 有源部件型式试验(不带连接器组件)

包括有：绕组电阻测量(IEC 60076-1/IEEE C57.12.90),电压比测量和相位位移检查(IEC 60076-1/IEEE C57.12.90),短路阻抗和负载损耗测量(IEC 60076-1/IEEE C57.12.90),90%、100%和110%额定电压下空载损耗和电流的测量(IEC 60076-1/IEEE C57.12.90),各绕组对地及绕组间的直流绝缘电阻的测量,极化指数测量,升压系数测量,常规介电强度试验,内置电流互感器变比和极性的检查(IEC 60076-1/IEEE C57.12.90),绕组对地及绕组间电容的测定(IEC 60076-1/IEEE C57.12.90)。

3) 组装式水下变压器型式试验(带连接器组件)

包括有：扩展常规试验、空气中升温试验、水中升温试验、绕组热点温升测量(IEC 60076-1)、扩展常规试验、油样试验、变压器重量的测定。

10.4.3 变压器常规试验组成

1) 组件常规试验

包括有：制造和焊接、氦气泄漏控制试验,液浸式变压器的压力泄漏试验、压力挠曲试验,真空密封性试验,真空挠曲试验,油样试验。

2）有源部件常规试验（不带连接器组件）

包括有：绕组电阻测量（IEC 60076-1/IEEE C57.12.90），电压比测量和相位位移检查（IEC 60076-1/IEEE C57.12.90），短路阻抗和负载损耗测量（IEC 60076-1/IEEE C57.12.90），90%、100%和110%额定电压下空载损耗和电流的测量（IEC 60076-1/IEEE C57.12.90），各绕组对地及绕组间的直流绝缘电阻的测量，极化指数测量，升压系数测量，中性点接地电阻试验，常规介电强度试验，内置电流互感器变比和极性的检查（IEC 60076-1/IEEE C57.12.90），监测设备功能试验。

3）组装式水下变压器常规试验（带连接器组件）

包括有：扩展常规试验、空气中升温试验、绕组热点温升测量（IEC 60076-1）、扩展常规试验、油样试验、变压器重量的测定。

10.4.4 测试程序

部分测试程序如下所示：

1）组件静压试验

组件静压试验旨在确保水下变压器组件的内部部件及其内部附件（如油、绕组和绝缘材料、支撑材料、电流互感器、电压互感器、中性点接地电阻等）能够承受静水压力，在多个安装/回收循环后无退化或损坏，且在压力作用下仍能保持合格性能。在试验中可使用真实部件或缩放试验结构。

试验规程和试验步骤如下：

① 在压力循环前确立电气/磁力/机械特性（电介质、尺寸、绝缘电阻等）。

② 压力循环×20（从大气压到 $1.1 \times RAP$）。

③ 在 $1.1 \times RAP$ 下确立电气/磁力/机械特性。

④ 压力循环后的电气/磁力/机械特性，包括目检、剖割等。

加压和减压速率应至少为 0.3 MPa/min，最大为 0.6 MPa/min。每次加压或减压后应至少保持 30 min。

2）制造和焊接

制造程序应遵循以下要求：

① 制造和焊接应符合 EN 1011 中相关部分所给出的建议。

② 应建立焊接工艺规范（WPS）并使其适用于所有焊接。WPS 应包含 EN ISO 15614 中所规定的信息。

③ 双相不锈钢和 SS 6Mo 的焊接工艺应符合 EN ISO 15614 等相关要求。

④ 应在冲击试验材料的焊接工艺评定中包括夏比冲击试验。冲击试验应在-20℃（可接受更低温度）下进行。应根据所选材料规格确定要求，但对于全尺寸试样，最小平均冲击能量值不得低于 27 J，最小单一冲击能量值应为 20 J。

⑤ 所有焊缝均应连续。角焊缝应为双面焊接，以免腐蚀。如买方与制造商协商一

致,则可采用单面角焊缝(如盖子)。

检验和无损检测应按设计规范执行,试验范围如下:

① 所有焊缝 100％目检。

② 对焊焊缝 10％射线检测。

③ 箱板上拐角接头和对焊焊缝 100％磁粉探伤检测/液体渗透检测。

④ 喷嘴和加固垫焊缝 100％磁粉探伤检测/液体渗透检测。

⑤ 100％超声检测(全穿透焊缝)。

⑥ 板材/补强板接头 10％磁粉探伤检测/液体渗透检测。

应在制造完成后、后续组装工作开展前对变压器箱进行压力试验;通过加压空气超压 0.05 MPa,保持 12 h。

3)油样试验

应分别在变压器介电强度试验前后取油样(IEC 60475)。油样试验旨在对试验前后的油样进行比较,为后续维护比较确立基准。试验过程中的"试验后"油样检测时间可能取决于变压器设计且应由买方与制造商商定。

IEC 60422 应作为多数试验的指导标准。需执行的变压器油试验如下:

① 水分(湿度)——IEC 60814(ASTM D1533)。

② 中和值(酸度)——IEC 62021-1 和 IEC 62021-2(ASTM D974)。

③ 界面张力——EN 14210(ASTM D971)。

④ 比重——ASTM D1298。

⑤ 外观——ASTM D1524。

⑥ 电介质击穿电压——IEC 60156(ASTM D1816)。

⑦ PCB——IEC 61619(ASTM D4059)。

⑧ 溶解气体分析(DGA)——ASTM D3612(完整方法)。

⑨ 腐蚀性硫——IEC 60296 附录 A、IEC 62535、IEC 62697-1(ASTM D1275-B)。

⑩ 20℃和90℃时油的直流电阻率——IEC 60247。

注:20℃和90℃时油的直流电阻率验收标准应设定为:组件型式试验和常规试验通电前填充后最小值应为 80 GΩ·m;对于组装式水下变压器(带连接器组件),在型式试验和常规试验后,最小值应为 60 GΩ·m。如计划进行现场综合试验(SIT)并已规定了油样试验,则亦采用此标准。

4)压力补偿器的长期压力循环试验

长期压力循环试验旨在确保压力补偿器能够在运行条件下长期使用,无泄漏、退化或损坏。应采用如下试验程序:

① 试验前氦气泄漏试验。

② 液体质量参数:抽样和分析。

③ 体积-压力曲线定义。

④ 循环耐久性试验。

⑤ 液体质量参数：抽样和分析。

⑥ 试验后氦气泄漏试验。

压力补偿器结构应单独接受耐久性试验，循环次数应为水下变压器设计寿命期间的总预期循环次数。

试验条件应尽可能代表实际运行条件。对于超大型压力补偿器，可使用代表性比例模型进行压力循环试验。

5）水中升温试验

应采用 IEC 60076 - 2(IEEE C57.12.90)标准中所述短路负载法执行试验。

对于换流变压器，或由于谐波电流而出现附加损耗的情况，IEC 61378 - 1(IEEE C57.110 - 2008)中的要求适用。

如已组装，应考虑由于中性点接地电阻器中的电流而导致的损耗。

在升温试验开始前，变压器应完全浸没于水中至少 12 h。所有绕组电阻的参考测量(R_1 和 θ_1)均应在稳态条件下进行，包括相应环境下油温和绕组热点温度的测量。这些值将用于确定平均绕组温度。

电阻测量(1 h 额定电流注入后)应至少进行 2 h。在前 5 min，应每 30 s 记录一次测量结果；随后，应每分钟记录一次。

根据电阻变化确定平均绕组温度时，应考虑因变压器附件所引起的附加电阻。在低电阻(相较附加附件电阻)绕组上，可能难以通过电阻变化来确定平均绕组温度，且不确定性较高。此时，可通过间接测量绕组端子处电压和电流的方式来测量绕组电阻。测量时，须将两根并联测量电缆连接至端子。如此法无效，则绕组温升要求限于热点绕组温升(通过直接测量确定)。

液体温度(包括顶层油温和平均绕组油温)和热点绕组温度应通过直接测量来确定。表面温度亦应在箱体各部位直接测量(至少在顶部、中部和底部)。

注：测量平均表面温度和周围水温时，应使用多个传感器(多于露天环境中所用传感器)，因为水特性(分层)可能不同于空气特性。如果未知传感器的关键位置，建议先在空气中运行一次较短的加热周期，通过热感摄像机确定最热的表面点(传感器位置)。

6）液浸式变压器的压力泄漏试验

压力泄漏试验适用于变压器箱并在 IEC 60076 - 1 中进行了描述。以下附加要求适用：

① 应在外箱上进行压力试验。

② 对于在双壳式变压器内箱上所进行的试验，试验压力至少应为 1.5×RDP(补偿器处于最大伸展量)。

③ 密封后应进行超压试验。出于实际原因，设计压力不得超过大容量压力补偿区的最大工作差压(如未定义，应采用 0.1 MPa＋环境压力)超压的两倍。

④ 验收标准：试验期间和试验后不得发生泄漏。

7）空气中升温试验

试验应在空气中进行。空气中升温试验期间，可使用两种替代方法来确定要注入的电流：

① 显示热点绕组温度接近（但低于）98℃的损耗图。该图适用于采用传统绝缘系统（根据 IEC 60085，固体绝缘被指定为 105℃级）的变压器。对于采用高温绝缘材料的变压器，可使用其他损耗图。

② 至少与总损耗值 80% 相对应的损耗图。然后采用 IEC 60076-2 中给出的校正因子确定顶层液体温度、平均液体温度及绕组温度。

由于环境冷却介质为空气，所以液体温度和热点绕组温度应通过直接测量来确定。对于试验期间所用温度测量用信号穿透器，如在运行中不得使用，则应在试验后通过焊接加以密封。

8）局部放电试验

局部放电试验程序以 IEC 60076-3 和 IEC 60076-13 中的要求为依据，应按照 IEC 60076-13 的规定执行试验。

9）中性点接地电阻试验

中性点接地电阻试验应按照 IEEE PC57.32/DM16.3 执行。

第 11 章　水下生产系统集成测试技术

水下生产系统主要设备设施的集成测试技术对保障海上油气田开发的安全生产具有重要作用。目前国内正开展水下装备的研究，部分研制设备已处于工程样机阶段，与国外成熟的水下装备产品相比仍存在一定的差异。在水下生产系统集成测试（SIT）方面国内经验较少，为验证国产化科研装备的可靠性势必需要开展水下生产系统的集成测试，进而为国产化研制装备的应用奠定重要基础。水下生产系统集成测试主要是对水下多个设备（包括水下管汇、水下采油树、脐带缆、跨接管、水下脐带缆终端、水下控制模块、水下多相流量计、水下阀门、水下连接器、水下增压模块等）集成的系统性能指标进行测试。在进行 SIT 测试前，各设备及子系统都应通过 FAT 及 EFAT 等测试。

系统集成测试主要测试各设备及子系统之间的接口是否符合规定的设计要求，验证接口连接状况及测试的可重复性，包括水下采油树、水下控制系统、水下管汇、跨接管、水下连接器等各组件之间的功能、安装回收、操作干涉、ROV 干预等测试，确保水下生产系统满足水下安全可靠要求。

11.1　集成测试要求

水下生产系统集成测试通常使用项目要求的测试设施和测试介质开展实施，以演示模拟水下生产系统的所有功能及必要的系统接口和测试，以验证整个水下系统设施功能和涉及的所有内部和外部接口。

水下生产系统集成测试反映不同系统和单元的所有功能要求，试验应使用相关辅助设备和要求介质进行，如控制系统中的液压控制应选用正确规格的液压液、连接器的密封面应选用规定材质的密封件等。所有设备或系统通常在满足目标水下油气田项目设计的条件下进行测试，包括测试过程中需要的任何配套附件、辅助工具和相关配件。

现场集成测试中，所有测试设施应进行实际的操作测试，包括测试设施间的界面接口功能、安装、拆卸、操作、是否存在干涉等，且测试过程中应使用适当的专业工具测试所有工具接口。此外，还要注意确保水下生产设施在测试过程中不会导致设备非常规碰撞、劣化、磨损或影响液压系统的清洁度等，且测试设施的实际设计寿命不应因系统在制造和测试期间的大量运行而减少。

集成测试应遵循测试规定执行实施，测试过程中存在的功能或界面问题应及时记录，并注明问题原因和所需应对措施，待问题解决后应进行重复测试，验证测试设施功能性及接口界面操作性，保证水下设施安全可靠。

11.2　集成测试前准备

开展集成测试首先要制定详细测试程序,明确测试范围及测试要求,并且准备好测试相关设备及工具。水下生产系统集成测试通常包括以下内容:测试目的、目标、范围、设施、环境、设备数据、接收标准等。系统集成测试用来检查设备操作、安装、拆卸等实施过程的可重复性,并且用来检测接口要求以及整个系统功能等。

通常水下生产设施测试程序至少应包括以下类型的测试:资格和验证测试,单元工厂验收测试,扩展工厂验收测试,系统集成测试,现场接收测试。

在系统集成测试方面,一般情况下所有水下设施和系统均应接受集成测试,经过现场验证设备应满足项目规定要求,且测试运行良好。集成测试过程中,应对水下生产系统实施全面的测试,涵盖从组件和单元完整性测试到所有单元和系统的功能和性能验证的整个范围。集成测试应能模拟现场安装和调试操作。

11.3　水下设备及系统主要测试

水下生产系统的设备设施集成测试前需要完成工厂验收测试,并应按照 ISO 13628 和其他相关规范中的要求进行。水下设备系统集成测试通常包括以下内容:

① 针对使用 ROV 操作的工况,应使用 Dummy ROV 和所有配套工具检查水下 ROV 进入情况。

② 针对采油树系统,包括 Dummy 井口、油管挂、虚拟套管悬挂器的安装及操作。

③ 跨接管两端的下放及连接安装。

④ 出油管的模拟进入。

⑤ 电/液飞线的安装及拆卸。

⑥ 水下管汇的阀门操控及集成设施的功能测试。

⑦ 脐带缆的模拟安装及功能测试。

⑧ 水下管道终端的模拟安装及连接。

⑨ 所有阀门的功能测试和实际位置的监控功能。

⑩ 水下组件和外部接口之间的配合、功能及完整性。

11.4　水下生产系统集成测试

11.4.1　系统集成测试总体要求

系统集成测试验证水下生产系统及设备之间的所有外部接口。系统集成测试之前，所有设备都应完成 FAT 和 EFAT，以及完成全面的系统集成测试程序制定，包括所有系统集成测试范围及内容等。此外为安全高效地执行系统集成测试，还需提前准备好测试中应用的必要操作工具、测试夹具等在内的设备设施。

系统集成测试验证水下生产设备间的集成性，以及所有相关的接口功能性及可操作性。集成测试应至少满足：

① 集成后，所有水下生产系统设备及配套工具都能够符合技术规范要求。

② 集成后，所有水下生产系统设备都能够按照标准规范正常操作及运行。

11.4.2　系统集成测试组件

系统集成测试应结合特定项目水下生产系统包括的设备设施开展测试，一般水下生产系统设备设施包括：

① 控制系统。

② 主脐带缆和分支脐带缆。

③ 脐带缆终端。

④ 跨接管连接（水下连接器、法兰）。

⑤ 电/液/光飞线。

⑥ 水下管汇（含保护结构、阀门）。

⑦ 水下管汇终端。

⑧ 水下分配单元。

⑨ 水下采油树（包括节流阀）。

⑩ 完修井控制系统。

⑪ 温度/压力传感器。

⑫ 水下多相流量计。

⑬ 安装和操作工具。

11.4.3　系统集成测试项目

系统集成测试一般至少包括：

① 采油树测试。

② 脐带缆的连接。

③ 所有阀门的功能测试和实际位置的监控功能。

④ 水下设施和外部接口之间的配合、功能及完整性。

⑤ 现场接收的设备检查。

⑥ 水下生产系统设备连接。

⑦ 采油树上所有集成系统功能的性能验证测试。

⑧ 保护结构安装测试。

⑨ 用虚拟水下机器人和所有相关工具检查水下机器人进入所有介入和检查区域的情况。

集成测试应尽可能模拟实际的现场程序、执行操作和使用条件，例如使用实际刚度和反张力拉入和连接出油管/脐带缆、使用全尺寸模型操作 ROV 功能以证明对该功能的操作实施，以及使用摄像机观察位置指示器的能力等，并且所有功能、安装、部件的更换和操作都应进行测试和记录。

11.4.4　系统集成测试主要内容

1) 安装和运行工具测试

确保安装和运行工具的完整性、可靠性，具备测试使用要求。

2) 采油树系统测试要求

采油树系统（含控制）的系统集成测试通常包括以下内容：

① 将采油树安装到虚拟井口头上。

② SCM、油嘴或任何其他可更换部件的回收和安装。

③ 采油树帽的安装测试。

④ 采油树下放工具测试。

⑤ 虚拟 ROV 对采油树面板操作及测试。

⑥ 采油树至管汇的连接验证测试。

⑦ 采油树至管汇压力测试。

⑧ 带有 IWOCS 的采油树上所有集成系统的功能和性能测试。

⑨ 验证采油树树体功能。

⑩ 确保井口、采油树设备和油嘴之间的正常功能和完整性操作。

3）连接系统

连接系统的集成测试主要在采油树及管汇处，一般包括以下内容：

① 采油树与管汇、管汇与海管之间跨接管法兰或连接器的安装、拆卸及操作。

② 连接过程中的辅助工具及操作干涉测试。

③ 连接后的压力测试。

4）水下控制系统

水下控制设备应连接为一个完整系统进行测试，包括液压飞线、电飞线、光飞线、水下分配单元、脐带缆等，此外还可以连接备用或虚拟的 SCM。开展测试前应编制正式程序，以确保所有设备接口在准备前得到验证。满足所有电路上测试电气连续性、绝缘电阻和连通性，并进行液压管线压力测试等。

（1）连续性和冲洗试验

① 测试所有仪表控制管线的可送达性，验证管线回路的开放性。

② 测试后，用指定的水基液压油冲洗，以达到所需的清洁度。

（2）动力、液压、信号分配单元测试

① 测试分配装置、安装和回收。

② 分配单元功能。

③ 信号传输功能。

（3）HFL、EFL 和 SDU 的连接测试

① 连接、断开和临时插槽。

② 测试碰撞或障碍物，甚至缠绕。

水下控制系统接口的系统集成测试包括但不限于以下内容：基于 SCM 的采油树功能测试（包括 SCSSV），验证油嘴和所有设备接口的完整性，改变关键参数的灵敏度测试，监控系统性能和操作限制，通过 SCM 控制的功能管汇阀门。

11.5　测　试　装　置

测试装置是集成测试中必不可少的重要组成部分，保证了集成测试的完整性。通过使用测试装置能够最大限度模拟系统的实际安装、拆卸及功能操作等工况。

集成测试通常配置的测试装置及设备主要包括：虚拟 MCS、虚拟 ROV，所有配套安装、操作工具，虚拟井口和虚拟套管吊架，虚拟 BOP，隔离套管，脐带缆，EFL/HFL/

OFL,液压动力单元。

11.6　水下集成测试实例

目前国内已针对国家科技重大专项研制的国产化水下生产系统关键工程样机(图
11-1)首次开展了陆上集成测试,包括水下阀门、水下控制模块、水下多相流量计、水下
连接器等。国产化水下生产系统集成测试的开展为今后的研究积累了重要经验,也为
更多国产化设施的集成可靠性检验提供了参考基础。

图 11-1　国产化水下管汇

将研制的国产化工程样机集成至水下管汇以便开展系统集成测试,检验整个系统
功能运行及设备间的界面接口,保证水下设施安全可靠。在专项实施过程中,研制的国
产化水下工程样机集成管汇后主要测试内容如下:

11.6.1　管汇管道清洗和通球测试

清除管道内焊渣、杂物;检测主管道的过球性能。

测试前的准备包括以下内容:

① 管汇通过外观检查。

② 管汇管道所有焊道已焊接完毕,并通过无损检测。

③ 检查通管回路,四个球阀完全打开。

④ 测试设备调试安装完成。

11.6.2　工艺管道系统水压测试及温压一体式传感器测试

水压试验中,采用淡水作为试验介质。通常水下管汇系统测试压力为 1.25 倍设计压力,保压时间为 8 h。在进行水压试验的同时,进行温压一体式传感器的测试,保证温压一体式传感器的数据监测、数据传输及 SCM 监测的相关功能正常运行。

1) 试验目的

检测管道系统的焊接部位有无渗漏,验证整个管道系统的密封和承压强度;验证温压一体式传感器的功能及到 SCM 的传输功能。

2) 水压试验安全注意事项

增压期间,增压步幅应为 1 000~2 000 psi,当一个增压步幅完成后,必须先暂停增压,待压力稳住后,再行增压。压力稳定的标准是 1 h 内,压降不超过压力的 3%。当按每 10 min 区段考查时,压降的数值可按比例分配,即不超过 0.5%。

3) 测试前准备

① 通球测试已完成。

② 管道内部已经吹扫、清理干净,无碎屑、杂物。

③ 所有阀门处于全开启状态。

④ 进行水压试验的管道布置,如图 11 - 2 所示。

4) 测试步骤

① 管道连接器安装。

② 将所有连通管道上的阀门打开至 100%。

③ 管道注水。

④ 连接打压设备。

⑤ 增压。

⑥ 保压。

⑦ 泄压。

⑧ 记录数据。

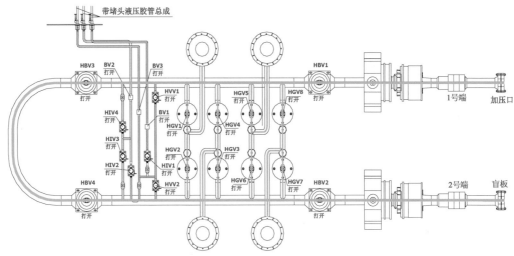

图 11－2　水压试验管道布置

11.6.3　液压控制回路的管线冲洗

水下管汇的液压控制管线系统包括 HPU 到 SCM 的供油管路及 SCM 到各个闸阀、球阀的控制管路。对控制回路进行冲洗,确保清洁度等级达到要求标准。对水下管汇所有液压控制管线进行压力试验,验证是否满足压力要求。

1）测试目的

对控制回路进行冲洗,确保清洁度等级达到规定标准。

2）测试前准备

① 所有管线在冲洗前应使用气体进行通路试验。

② 管汇液压回路安装完毕且连接牢靠,可通过快速接头及软管等与 HPU 进行连接,组成液压管路测试回路。

③ 液压管路所有焊道经无损检测合格。

④ 确认所有管路端口连接正确。

⑤ 液压元件清洁度达到要求。

⑥ HPU 在连接至整个系统前清洁度已达到规定标准。

⑦ 保证放油口的畅通,便于取样测试清洁度。

3）测试步骤

① 连接。

② 冲洗。

4）测试见证与验收

① 所有管线都清洗过;冲洗后,达到需要的清洁度级别。

② 管线冲洗后,取液样检测,清洁度等级应达到规定级别。

③ 冲洗完成后,将所有管路恢复至最初的连接方式。

11.6.4 液压控制回路的管线压力测试

1）测试目的

对水下管汇所有液压控制管线进行压力试验,验证是否满足压力要求。

2）测试前准备

① 已经完成冲洗过程,并达到相应的清洁度等级要求。

② 已经完成阀门的试验。

③ 试验介质使用液压液。

3）测试主要步骤

对 HPU 至闸阀之间的管路进行试压。依据项目规格书,试验压力采用 1.5 倍设计压力,保压时间为 15 min。

① 断开 HPU 连接水下管汇外接面板的管路。

② 将试压泵的压力油路与外接面板 LP1、LP2 的油路按照图 11-3 所示试压原理图连接。

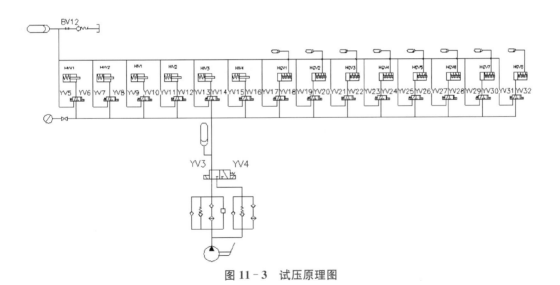

图 11-3　试压原理图

③ 关闭 SCM 内部标示的球阀。

④ 接通 SCM 电源,操作控制面板上的按钮,将所有闸阀全部打开。

⑤ 使用手动泵增加压力,从 0 开始,每次增幅 1 000 psi。

⑥ 压力达到 7 500 psi 时,保压。

⑦ 压力稳住后,保压 5 min。

⑧ 记录结果。

⑨ 试验成功后,按照每秒 1 000 psi 的泄压速度将压力降至 0。

⑩ 泄压后,确认压力为 0。

⑪ 再次增加压力,稳压后保压 15 min。

⑫ 保压时,查看是否有泄漏现象。

4）测试见证与验收

在试验压力下无泄漏,保压时间合格。

11.6.5　球阀、闸阀的开启关闭试验和扭矩开关试验

1）测试目的

此项测试的目的是检测 12 寸球阀、6 寸闸阀在安装到管汇中后,手动开关阀门和液压控制开关阀门的功能,以及使用扭矩工具开启时的扭矩值的记录。

2）测试前准备

被测试球阀和闸阀的布置如图 11-4 所示。

① 确定主管道和支线管道内部的压力为 0。

② 阀门完成出厂测试并合格。

③ SCM 与阀门的液压管线连接完毕,液压控制系统调试正常。

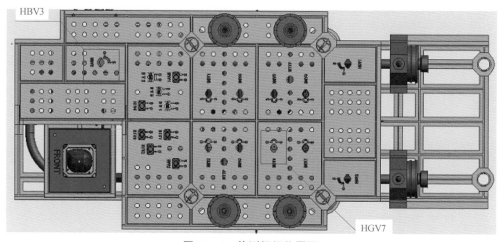

图 11-4　待测阀门位置图

3）球阀测试操作(HBV3)

(1) SCM 控制正常工况

SCM 液压控制球阀开、关:

① 启动 HPU,操作 SCM 工控机,发指令驱动球阀开启。

② 操作 SCM,发指令驱动球阀关闭。

③ 观察球阀的开关指示,确认指示正常。

ROV 接口手动操作时:阀门顺时针为关阀,逆时针为开阀。O 为阀门开启位置,S 为阀门关闭位置,如图 11－5 所示。

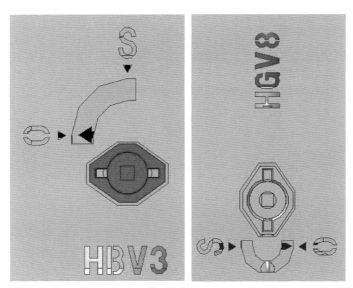

图 11－5　阀门 ROV 手动接口处详图

(2) SCM 控制故障工况

SCM 换向阀可正常开关,但控制液压油压力不足,操作 ROV 动作,开启阀门,控制液压油压力泄压后可操作阀门关闭。

4) 闸阀测试操作(HGV8)

(1) SCM 控制正常工况

阀门顺时针为关阀,逆时针为开阀。O 为阀门开启位置,S 为阀门关闭位置,如图 11－5 所示。

① 启动 HPU,操作 SCM 工控机,驱动闸阀开启。

② HPU 泄压,闸阀自动关闭。

③ 观察闸阀的开关指示,确认指示正常。

ROV 接口手动关闭闸阀:SCM 液压控制阀门测试完成后,需保证闸阀执行机构液压缸油路畅通,利用 ROV 接口手动操作对阀门的正常开启和关闭进行测试。

(2) SCM 控制故障工况

SCM 换向阀可正常开关,但控制液压油压力不足,操作扭矩扳手动作,开启阀门,控制液压油压力泄压后阀门关闭。

11.6.6 SCM 的安装、回收以及与阀门、多相流量计的联调试验

1）试验目的

在设备安装以及液压控制管路冲洗完成后，验证 SCM 的安装和回收，与阀门、多相流量计等设备的控制系统的功能是否满足要求。

2）与 SCM 连接的组件

本次联合调试中与 SCM 安装连接相关的组件包括：管汇、多相流量计、球阀、闸阀、PT、TT。

辅助测试设备包括：MCS、EPU、HPU。

辅助测试工具包括：ROV、Class 4 扭矩扳手、SCM 专用下放安装工具。

3）安装连接

① SCMMB 吊装到 Guide Funnel 中部安装位置，调整方位匹配紧固孔位，用螺栓紧固。

② 将电接头安装到 SCMMB 指定安装孔并紧固。

③ 将液压接头安装到 SCMMB 指定安装孔并紧固。

④ 将锁紧接收座安装到 SCMMB 指定安装孔并紧固。

4）电、液管线连接与清洗

① 将 PT、TT 电缆与 SCMMB 下放电接头电缆连接，并做好防水。

② 将 SCMMB 底部引出的液压管线与输入端进行连接。

③ 将 SCMMB 底部引出的液压管线与输出端进行连接。

④ HPU 和输入液压管线清洗。

⑤ 球阀、闸阀和输出端液压管线清洗。

5）SCM 举升

① SCM、下放工具和底座运输到管汇附近指定位置。

② 将 SCM 吊装到底座上指定位置。

③ 利用 ROV 操作栓接装置，拔出插销。

④ 将下放工具与底座对接，利用 ROV 及扭矩扳手转动下放工具上方的扭矩扳手专用接口，调整中央梁高度。

⑤ 利用 ROV 操作栓接装置，推动插销将 SCM 锁在下放工具上。

6）SCM 下放锁紧

① 利用 ROV 及扭矩扳手转动下放工具上方的扭矩扳手专用接口，降低中央梁高度，使 SCM 与 SCMMB 对接。

② 利用 ROV 操作栓接装置将 SCM 与下放工具解锁，吊走下放工具。

③ 用 ROV 将扭转套筒安装在 SCM 蘑菇头上，使用扭矩扳手旋转蘑菇头，锁紧 SCM 与 SCMMB。之后取下扭转套筒。

7）SCM 联调测试

① SCM 输入电压。

② SCM 温度。

③ SCM 低压输入压力。

④ 管汇 PT 读数。

⑤ 管汇 TT 读数。

⑥ 多相流量计读数。连接下位机和 SCM 通信线和电源线,确保连接无误,SCM 输出 DC24V 电源正常。连接水下流量计下位机与 SCM 通信接口,采用可调 AC/DC 电源给水下流量计下位机供电,将电压调节到 DC20V 输出,观察下位机能否正常工作,通信是否正常。

⑦ 依次打开阀门控制 DCV,观察阀门是否正常开启,随后保压一段时间,记录过程中压力读数变化。

⑧ 依次关闭 DCV,观察阀门是否正常关闭,记录过程中压力读数变化。

⑨ 观察 SCM 下方排海阀是否正常工作。

8）SCM 回收和再连接

① 电飞线与 SCM 解除连接。

② SCM 解锁。

③ SCM 回收与再次下放。

11.6.7　连接器的安装及压力测试

通过水平和垂直连接器安装装置将连接器集成在管汇指定位置,并在管汇界面连接处进行压力测试,确保连接完好无泄漏。

1）测试目的

① Dummy ROV(在吊机控制下)的运动路线验证和无障碍验证。

② 模拟 Dummy ROV 操作的功能测试。对连接器 HUB connector 的安装和密封件替换进行测试。

2）测试前准备

① 连接器出厂检验合格。

② 连接器 HUB 端与管汇的焊接和螺栓连接已经完成,并通过检验。

③ 连接器密封接口处已经清理,没有杂物。

④ 测试用吊具、索具经过检查合格。

⑤ 连接器液压系统各端口连接检查完毕。

⑥ 管道内压力为零。

3）测试程序

垂直连接器在管汇上的位置如图 11－6 所示,按跨接管 45°角度布置。

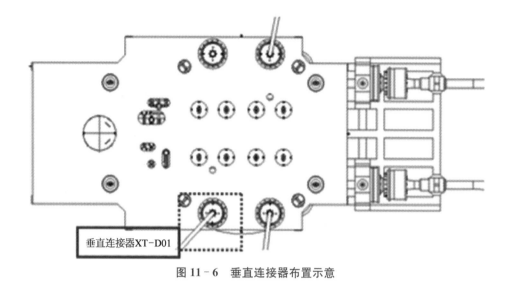

图 11-6　垂直连接器布置示意

垂直连接器初始状态如图 11-7 所示，左边为连接器，右边为安装工具。

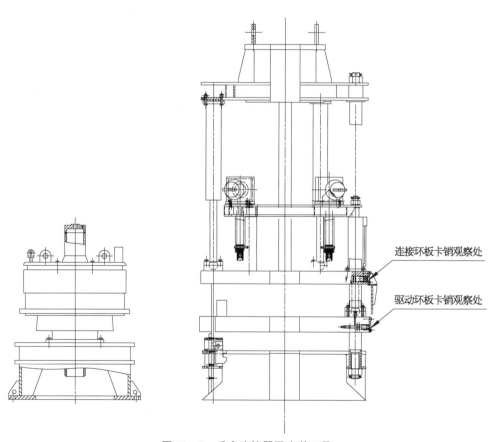

连接环板卡销观察处

驱动环板卡销观察处

图 11-7　垂直连接器及安装工具

4）锁紧测试步骤

测试时主要步骤如下：

① 将垂直连接器 connector 端放入安装工具中，并将毂座放置在平整空地（要求地面倾斜角度不超过 2°）。垂直连接器上毂座安装如图 11‐8 所示。

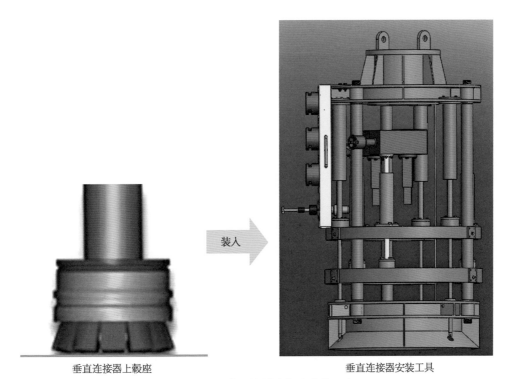

垂直连接器上毂座　　　　　装入　　　　　垂直连接器安装工具

图 11‐8　垂直连接器上毂座安装示意

② 将液压快速接头接入公用液压站。

③ 将连接器和安装工具吊至毂座正上方。

④ 继续下放连接器及安装工具，通过安装工具下端的喇叭口与对中装置配合，实现连接器安装的粗对中。

⑤ 将 Dummy ROV 吊至安装工具控制面板附近，通过牵引绳使 Dummy ROV 机械手臂面对控制面板。

⑥ 操纵 Dummy ROV 功能机械手臂，模拟抓住控制面板上的 ROV 把手。

⑦ 操纵 Dummy ROV 功能机械手臂将液压快速接头插入控制面板中完成液压油源的接入。

⑧ 驱动液压缸开始向下伸出，驱动环到达标示位置后，液压站停止加压。

⑨ 带动二次锁紧螺栓向下旋进，将套筒紧固。二次锁紧螺栓旋进到标示位置，停止旋转扳手。

⑩ 软着陆液压缸缩回。

⑪ 启动吊车,将安装工具与连接器分离,收回安装工具。

检查锁紧状态,连接器锁紧过程检验合格后,进行锁紧的测试。

① 通过吊车将 Dummy ROV 吊至密封测试控制面板附近。

② 通过牵引绳调整 Dummy ROV 的位置,将机械手臂面对密封测试控制面板。

③ 调节公用液压站上的调压阀。

④ 检验合格后,关闭液压站。

⑤ 模拟操纵 Dummy ROV 功能机械手臂将液压快速插头拔出。

5)验收标准

液压油通过毂座中的专用通道进入密封环的凹槽内,在此密闭的空间内保压 15 min,若压降小于试验压力的 5% 并且无可见的泄漏、无异常声音,则认为密封性有效,连接器已经锁紧。

水下生产系统关键技术及设备

第12章 技术展望

从全球大型机械装备的设计、研制与应用方面来看,深水油气田水下生产系统,堪称与航空、航天工程一样,可以列为当代人类科技成果的顶峰。

由于深海油气开采的环境特点是水深涌急,条件恶劣,加之深海油气开采过程中发生事故将对全球生态系统产生巨大危害,所以深海水下生产系统的全部设备与施工工艺,都是经过作业人员精雕细刻、千锤百炼设计与研制出来的,凝聚着世界上各种"顶尖"技术与工艺。

世界上拥有深水油气开采能力的国家有美国、英国、法国、意大利、挪威、荷兰、澳大利亚、中国、俄罗斯、巴西等。截至 2019 年 6 月,世界上深水钻井的最深纪录是水深 3 174 m,而水下油气开采作业的最深作业纪录是水深 2 943 m。

传统的水下生产系统主要由各种水下生产流体集输设备和控制设备组成,按照功能可分为井口及采油树系统、管汇及连接系统、水下控制及脐带缆系统。世界范围内的传统水下产品基本上出自 Aker、TechnipFMC、CAMERON、BakerHuge 等水下设备供应商以及 JDR、DUCO、NKT、Oceaneering、Nexans 等脐带缆供应商。深水油气田的水下生产系统设计与制造,拥有异常严格的制造工艺与技术要求。

12.1　发　展　趋　势

经历了 60 多年的发展,水下生产技术和装备逐渐成熟,同时为了适应海洋石油向更深更远的目标发展,水下生产技术正在发展与更深、更远相适应的技术和装备。目前国际水下生产系统向着超深水、超高温、超高压方向发展,国际主流设备制造厂家在水下油气处理设备(水下增压泵、水下压缩机、水下分离器)、全电控水下生产系统、模块化紧凑式水下生产设施、水下油气生产系统智能化等方面不断加大研发力度,并有部分产品已投入实际油气田使用。国内目前的水下产品研制处于起步阶段,与国外的技术水平差距较大。国际的主流发展趋势如下:

(1) 水下油气工艺处理设备(水下增压泵、水下压缩机、水下分离器)

采用水下油气处理设备进行水下分离和增压,可以大幅缩减上部组块的占地以及远距离输送管线尺寸,适用于深水及远距离回接项目,大幅提升深水开发模式的经济性。

水下增压泵是较为成熟的水下生产工艺设备,按原理可分为容积式和离心式,其中容积式基本为螺杆泵,螺杆泵的代表厂商是 Bornemann 公司。目前水下增压泵最深的安装记录是 BP 公司在墨西哥湾的 King 油田,水深达 1 670 m,距离 Marlin 张力腿平台

24 km,其水下增压泵站包括泵管汇以及可回收的多相流泵单体,整个泵站由 Aker 集成,采用的是 Bornemann 公司的双螺杆泵以及西门子电机,由吸力桩基础支撑。通过应用水下增压泵,BP 公司预计该油田产量可提高 20%,采收率可提高 7%,油田的经济寿命可延长 5 年。离心式基本为轴流泵,轴流泵的代表厂商是 Framo 公司,Framo 公司的轴流泵在海洋石油领域得到了广泛应用,1997 年在陆丰 22 - 1 油田最早安装。水下电驱增压泵已属于较为成熟的产品,除了湿式接头、电动机驱动外,泵的设计与水泵相同。动力系统由上部电力单元、海底电缆、水下输配电设施、高低压湿式电接头等构成。最长无故障运行时间已达 10 年。

电驱水下压缩机分为水下干气压缩机和水下湿气压缩机。其中水下湿气压缩机可以适用于气体含量超过 95% 的气田,适用于较高气体体积含量的场合。经过压缩后的湿气体积缩小,压力提高,使水下设备和依托设施之间的管线管径变小,节约设备投入资金。全球目前仅有两个项目应用了水下湿气压缩机系统。世界上第一台水下湿气压缩机用于挪威的 OrmenLange 气田,将井口产出气体直接输送至 120 km 以外的陆上终端,由 Aker 提供水下湿气压缩站以及负责整个的 EPIC 工程,压缩站包括 Aker 提供的分离器、防段塞冷却器、泵以及与 GE 合作开发的电动机和压缩机,应用水深可达 900 m。Asgard 气田应用的水下湿气压缩机为最成熟的应用产品。2015 年,挪威国家石油公司北海 Asgard 气田水下湿气压缩机系统最终由 Aker Solutions 集成 Man Turbo 水下湿气压缩机组,并完成了水下安装,水深 260 m,回接距离 40 km,电动机功率最大为 11.5 MW,实现了世界范围内首套水下湿气压缩机系统的应用。截至 2018 年,水下湿气压缩机在 Asgard 气田已连续运行三年,运行时间超过 50 000 h,两台 HOFIM 压缩机运行至今其可靠性高达 99%,在该水深范围和对应操作条件下达到了成熟产品的要求。

水下分离器是在深海油气田开发中降低开发成本、实现油田有效开发的先进措施。在海底气液分离或油气水分离后,气体自然举升,液体通过电潜泵增压输送,可减小井口背压,提高采收率,加速油田生产,同时可有效避免水合物的生成。海底油气水分离和采出水回注有效补充地层压力,提高采收率,使开发深水低储层压力油田得以实施,为水下生产系统的流动保障提供有力支持。分离器结构形式的选取取决于油田布置面积、分离效果、处理量、水深等因素。水下分离器按分离原理可分为重力式和离心式,按照功能可分为油水分离器和气液分离器。重力式分离器的重量和体积都比较大,增加了安装的难度,但设备对流体的阻力和压降较小;离心式分离器会有较大的压力损失,但结构紧凑、轻巧,利于安装。分离器的关键技术是对分离出来的砂进行处理,直接影响分离器的生产效率和可靠性。世界上第一台示范用油水分离器用于 1999 年的北海 TrollPilot,由 Vetco(Vetco 已被 GE 收购)负责,而第一台气液分离器用于 2001 年的 VASP。国际上已有 Toll 气田、Pazflor 油田、Asgaard 气田等近十个项目开展水下分离器应用示范。

为了适应水下油气处理设备应用,还需要开展研究水下远距离输电技术、水下控制系统及冷却技术、水下模块化安装及回收技术等配套技术,是一项系统性、集成化的技术体系。

（2）全电控水下生产系统

深水油气田的水下电力必须通过高压输送实现,水下电力输送包括水下变电站和水下直流输送等方面。通过开发相关的水下电气设备,可以克服目前 200 km 以内的电力输送瓶颈。目前,水下生产系统中广泛采用液压流体和电气控制的复合方式,即复合电液控制技术,而不依赖液压流体的全电控制在水下生产控制系统中具有较大的吸引力。水下全电控制技术能够提高整个水下系统的可靠性,同时在开发成本和运行成本方面也具有一定的优势,尤其是液压控制流体的放空或泄漏对环境保护存在风险,而全电控制技术能够从根本上解决这个问题。

随着电子技术的不断发展,各大水下控制系统供应商逐步研制并正在开展试应用全电控水下控制系统。全电控系统的出现为水下油气生产开发向更深水深、更远距离的水下控制发展提供了可能。

全电控制系统技术主要包括水下高压湿式接头、水密接插件、水下电力控制的阀门、执行机构,增加水下远距离控制半径、减小控制脐带缆直径和液压液泄漏风险;光纤通信技术和电力载波技术互补,光纤通信、复合电力载波通信和数值传输技术。

全电控水下控制系统与传统复合电液控制系统相比,不需要液压单元。这不仅节约了硬件费用,还节约了平台的空间、减少了重量。全电控水下控制系统有望为用户节省 10% 的运营成本,主要是由于停产时间缩短。全电控系统能够让节流系统更加快速地关断。

（3）模块化紧凑式水下生产设施

由于深水项目的水下设施安装施工和维护费用随着水深呈几何级增长,因此国外通过数十年项目经验积累,近年来投入大量经费开展探索模块化紧凑式水下生产设施技术,该技术对水下产品的标准化研发,尤其在设计、建造理念上全面提升了装置的可靠性、紧凑性,且在后期施工安装和运维的费用成本优势显著,已经成为今后水下生产系统产品研发的方向和热点。

国外深水公司正在研发模块化紧凑式水下生产设施,以适应深水安装与回收的经济性问题。高效紧凑的新型水下采油树和水下管汇的核心技术包括:管汇集成阀组,关键部件均采用整体锻造方式,没有弯管段;采用电控阀门执行器,由上部组块主控站 MCS 直接控制,不需要任何液压功能;不需要导向框架结构,大幅减少了设备的重量。通过模块化紧凑技术,从整体性减少了漏点,提升了安全可靠性,而且有助于高效地开展深水安装和回收。采用模块化紧凑式水下管汇,预期较传统方案重量减少了 50% 以上。

（4）水下油气生产系统智能化

水下油气生产系统智能化为水下油气生产系统全生命周期可靠性和完整性发挥重

要作用,未来该领域包括两方面技术发展趋势。

一方面是水下油气生产系统专家诊断决策系统。在水下油气生产系统正常运行时监测系统的运行状况。对水下控制系统、水下采油树、水下管汇、水下连接器所发生的故障进行实时诊断,能够及时做出故障报警,并给操作人员提示故障发生的原因。对水下流动安全保障进行实时预警管理,对管线的泄漏或堵塞进行提前预警。通过人机接口界面向操作人员提供故障应对措施,以便及时控制故障的规模,保护设备的安全。

另一方面是水下油气生产系统基于虚拟现实的数字孪生技术。通过建立带有生产和安全数据动态驱动的水下油气生产三维数字化精细模型,搭建水下油气生产系统数字虚拟可视化软、硬件系统,形成水下油气生产可视化数字孪生系统,专家可以利用该数字孪生系统进行水下油气生产过程的智能专家诊断、决策和监控等,实时动态展示整个油田的水下生产运维健康状态。未来的数字化水下生产的核心,就是以水下油气关键装备数字孪生系统、水下流动安全生产工艺数字孪生系统、水下生产系统健康生产运行数字孪生系统、水下装备安装维修数字孪生系统为核心,实现对水下生产系统的动态管理。

12.2 技 术 水 平

(1) 浅水水下开发技术

随着我国通航区和海生物保护需求日益增加,浅水固定平台开发模式甚至常规水下开发模式都面临着监管限制。因此需要针对浅水受限区开发一套相适应的水下开发技术,目前国际上可借鉴的经验并不多。主要技术包括浅水泥面以下水下生产系统防护关键技术、适用于浅水的低成本简易化水下井口和采油树、低成本浅水水下控制模块等。譬如浅水简易采油树采用 13 in(33 cm)名义通径口替代 18 in(46 cm)常规采油树;为使得水下分配单元(SDU)可安装集成在水下管汇上,减小体积与占用面积,SDU 应实现小型化设计,SDU 小型化设计的核心任务是液压分配模块 HDM 小型化设计。

(2) 极地水下开发技术

极地范围内蕴藏有丰富的油气资源,俄罗斯和挪威等靠近北极圈国家的石油公司已经拉开了极地能源开发的序幕。极地的环境非常恶劣,低温和冰山对于传统的水面设施是极大的威胁。而水下生产系统由于在水面以下,对于极地环境具备一定的抵抗能力,因此水下生产系统在极地海洋工程开发中具有非常大的竞争力。极地水下生产技术需要开发满足寒冷气候的材料,同时低温下的流动保障也是其中较为关键的方面。

由于极地的自然生态环境较为脆弱,一旦发生油气泄漏,处理的成本高昂,因此对于水下生产系统的可靠性要求更高。

(3)水下安装技术

水深和水下生产设施质量的提升对水下安装技术提出了更大的挑战。当水深增加到 2 000～3 000 m 时,如果采用传统的钢丝绳进行吊装则吊绳的质量较大,吊装操作不可行,因此采取轻质的纤维绳成为深水水下安装的一种解决方案,而与纤维绳配套的安装船舶、下放和回收系统、运动补偿系统、浮力块、连接和配重、定位和通信等相关的技术问题则需要解决。

(4)水下生产系统可靠性及完整性管理技术

深水油气开发属于高风险和高技术领域,水下生产系统的可靠性及技术风险管理已被国际同行高度重视,一致认为从项目可行性研究到投产实施,都要进行可靠性和技术风险分析与评估并做出积极的对策,将项目实施的风险降到最低。这一做法已经得到了国际跨国深水油气开发的业主和工程承包商的一致认可。随着越来越多的水下生产设施得到应用,对于水下生产系统进行全生命周期的完整性管理成为海洋工程行业的共识。水下生产系统的完整性管理包括风险评定、检测及监控策略、周期性审核等。

水下油气生产系统对保障我国油气资源可持续发展具有良好前景,但亟须改变我国水下油气开发受制于人的"卡脖子"现状。随着我国深水油气田的开发,水下生产技术的应用前景将更加广泛,水下生产系统的新技术攻关及国产化设备研发,将助力我国深水油气田的开发,并将成为深水技术核心竞争力的重要组成。创新技术的应用给海洋石油的今天带来了勃勃生机,水下生产系统新技术将为海洋石油走向深水奠定坚实的基础。

参 考 文 献

［1］ 张姝妍,刘培林,曾树兵,等.水下生产系统研究现状和发展趋势［A］//2009 年度
海洋工程学术会议论文集(上册)［C］.2009.

［2］ 郭宏,屈衍,李博,等.国内外脐带缆技术研究现状及在我国的应用展望［J］.中国
海上油气,2012,24(1)：74－78.

［3］ 席嘉珍.海洋石油开发［J］.华东科技,1998(7)：13－16.

［4］ 王建文,杨思明,王春升,等.浅谈水下生产系统开发模式和工程设计［A］//第十
五届中国海洋(岸)工程学术讨论会论文集(上)［C］.2011.

［5］ 徐晓丽,徐冰.水下生产系统的发展现状及未来预测［J］.船舶物资与市场,2014
(1)：86－90.

［6］ 宋琳,杨树耕,刘宝珑.水下油气生产系统技术及基础设备发展与研究［J］.海洋
开发与管理,2013(6)：91－95.

［7］ 王睿.海油工程：推动水下核心设备国产化［N］.天津日报,2020－10－19(001).

［8］ 李清平,朱海山,李新仲.深水水下生产技术发展现状与展望［J］.中国工程科学,
2016,18(2)：76－84.

［9］ 晏妮,王晓东,胡红梅.海底管道深水流动安全保障技术研究［J］.天然气与石油,
2015,33(6)：9,20－24.

［10］ 于成龙,李慧敏.水下采油树在深海油气田开发中的应用［J］.天然气与石油,
2014,32(2)：2,53－56.

［11］ 雒晓康.南海深水水下井口与采油树应用技术研究［D］.青岛：中国石油大学(华
东),2014.

［12］ 宋琳,杨树耕,刘宝珑.水下油气生产系统技术及基础设备发展与研究［J］.海洋
开发与管理,2013,30(6)：91－95.

［13］ 张理.水下生产控制系统设计探讨［A］//中国造船工程学会近海工程学术委员
会.2010 年度海洋工程学术会议论文集［C］.中国造船工程学会近海工程学术委
员会：中国造船工程学会,2010：7.

［14］ 王玮,孙丽萍,白勇.水下油气生产系统［J］.中国海洋平台,2009,24(6)：41－45.

［15］ 陈家庆.海洋油气开发中的水下生产系统(一)［J］.石油机械,2007,339(5)：
54－58.

[16] 谢彬,张爱霞,段梦兰.中国南海深水油气田开发工程模式及平台选型[J].石油学报,2007(1):115-118.

[17] GB/T 21412.4—2013 石油天然气工业 水下生产系统的设计与操作 第4部分:水下井口装置和采油树设备[S].全国石油钻采设备和工程标准化技术委员会,2013.

[18] 郑利军.水下生产系统选型影响因素研究[J].石油矿场机械,2012,41(6):67-71.

[19] 罗晓兰.电潜泵式水下采油树油管挂工程设计方法研究[J].中国海洋平台,2013,28(3):10-14.

[20] 林影炼.多功能支持船安装水下大型设备方法研究[J].中国造船,2014,55(4):182-190.

[21] 辜志宏.井口装置和采油树PR2性能鉴定试验研究[J].石油机械,2012,40(4):79-82.

[22] 张敬安.荔湾3-1气田1500m深水采油树单体船安装作业实践[J].中国海上油气,2014,26(8):44-46.

[23] 袁晓兵.流花11-1油田水下采油树测试方法研究[J].石油机械,2015,43(6):35-39.

[24] 龚铭煊.深海水下采油树下放安装过程分析与研究[J].石油机械,2013,41(4):50-54.

[25] 张亮.深水油田立式水下采油树安装操控作业[J].石油钻采工艺,2012,34(9):117-120.

[26] 肖易萍.水下采油树及下放安装技术研究[J].石油矿场机械,2014,43(8):70-73.

[27] Stecki J S. Production control systems — An introduction [J]. Subsea Engineering Research Group,The Oil & Gas Review,2003.

[28] Bai Y,Bai Q. Subsea engineering hand book [M]. Gulf Professional Publishing,2010.

[29] 周守为.海洋石油工程设计指南第3册[M].北京:石油工业出版社,2006.

[30] ISO 13628-1 General requirements and recommendations[S].

[31] ISO 13628-4 Subsea wellhead and tree equipment[S].

[32] ISO 13628-6 Subsea production control system[S].

[33] 冯杨锋,陈国初.水下复合电液控制系统在深水气田项目的应用[J].中国石油和化工标准与质量,2020(11):125-126.

[34] 冒家友,阳建军,王运.流花4-1油田水下复合电液控制系统设计与应用[J].中国海上油气,2014,26(3):112-114.

[35] 左信,胡意茹,王玉.水下生产控制系统的电力载波通信综述[J].海洋工程装备与技术,2014,1(1)：85-90.

[36] 周美珍,张维庆,程寒生.水下生产控制系统的比较与选择[J].中国海洋平台,2007,22(3)：47-51.

[37] 张理.水下生产控制系统设计探讨[J].中国造船,2010,51(2)：185-190.

[38] 谭壮壮,李小瑞,张凤红.水下生产控制系统结构的设计与研究[J].石油化工自动化,2016,52(3)：13-17.

[39] 尹丰.水下生产控制系统在气田设计中的应用[J].自动化应用,2012(6)：18-20.

[40] 左信,岳元龙,段英尧,等.水下生产控制系统综述[J].海洋工程装备与技术,2016,3(1)：58-66.

[41] 高原,魏会东,姜瑛,等.深水水下生产系统及工艺设备技术现状与发展趋势[J].中国海上油气,2014,26(4)：84-90.

[42] 范亚民.水下生产控制系统的发展[J].石油机械,2012(7)：45-49.

[43] 范玉杨,苏峰.水下系统液压控制与复合电液控制分析比较[J].中国石油和化工标准与质量,2014,34(8)：34-35.

[44] 郭宏.水下生产控制系统供电电压降落分析及方案设计[J].中国海上油气,2015,27(3)：150-153.

[45] 曾溥阳,范赞,郭骏,等.水下生产系统主控站系统设计及应用[J].科技广场,2016(5)：40-44.

[46] 李志刚,安维峥.我国水下油气生产系统装备工程技术进展与展望[J].中国海上油气,2020,32(2)：134-141.

[47] 王春升,陈国龙,石云,等.南海流花深水油田群开发工程方案研究[J].中国海上油气,2020,32(3)：143-151.

[48] 郭宏,屈衍,李博,等.国内外脐带缆技术研究现状及在我国的应用展望[J].中国海上油气,2012,24(1)：74-78.

[49] 郭宏,谢鹏,宋春娜.脐带缆测试技术及其在文昌气田的应用[J].中国海上油气,2018,30(1)：171-176.

[50] 李博,郭宏,郭江艳.水下生产系统脐带缆内液压管线选型分析[J].海洋工程装备与技术,2017,1(16)：14-18.

[51] 全国石油天然气标准化技术委员会(SAC/TC 355).GB/T 21412.5—2017 水下生产系统的设计和操作 第5部分：水下脐带缆[S].北京：中国标准出版社,2017.

[52] 郭宏,郭江艳,郝丽,等.复合脐带缆中电力电缆对信号电缆的电磁干扰与屏蔽分析[J].电线电缆,2020,4：1-3,8.

[53] 孙晶晶,刘培林,段梦兰,等.深水脐带缆安装技术发展现状与趋势[J].石油矿场机械,2011,40(12):1-5.

[54] 卢青针.水下生产系统脐带缆的结构设计与验证[D].大连:大连理工大学,2013.

[55] 易吉梅.脐带缆在海洋深水石油平台的应用现状及前景分析[J].中国修船,2014,27(4):55-57.

[56] GB/T 21412.15—2017 水下生产系统的设计和操作 第15部分:水下结构物和管汇[S].北京:中国国家标准化管理委员会,2017.

[57] 高原,魏会东,姜瑛,等.深水水下生产系统及工艺设备技术现状与发展趋势[J].中国海上油气,2014,26(4):84-90.

[58] 许文虎,郭宏,洪毅,等.水下管汇可靠性分析及改进措施[J].石油矿场机械,2016,45(3):1-6.

[59] 许文虎,郭宏,洪毅,等.基于故障树的水下管汇可靠性分析及设计优化[J].海洋工程装备与技术,2015,2(4):215-224.

[60] 程寒生,周美珍,郭宏,等.水下管汇设计关键技术分析和设计原则研究[J].中国海洋平台,2011,26(3):30-32.

[61] 吴露,安维峥,马强,等.基于水下管汇工程样机的改造与集成设计分析[J].石化技术,2020(5):48-49.

[62] 于芳芳,段梦兰,郭宏,等.深水管汇设计方法及其在荔湾3-1气田中的应用[J].石油矿场机械,2012,41(1):24-29.

[63] 孟宪武,姜瑛,程寒生,等.水下油气开发项目中管汇管道布置研究[J].石油化工设备,2018,47(5):19-24.

[64] 刘少波,闫嘉钰,吴巧梅,等.深海闸阀阀杆受力分析[J].宁夏工程技术,2014,3:231-233.

[65] 肖玄,赵宏林,王珏,等.水下阀门执行机构同轴并联双弹簧优化设计[J].石油矿场机械,2014,3:29-33.

[66] 吴巧梅,常占东,刘少波,等.深海阀门阀杆填料密封结构的研究与设计[J].通用机械,2015,7:24-26.

[67] 闫嘉钰.水下阀门类型及设计方案分析[J].石油机械,2015,11:68-73.

[68] 石磊,琚选择,钟朝廷,等.水下阀门设计优化及测试技术的研究[J].阀门,2017,5:25-27.

[69] 石磊,胡晓明,姜瑛,等.水下阀门国产化关键技术研究[J].石油机械,2018,2:58-62.

[70] 张扬,李韬.水下阀门国产化探讨[J].天津科技,2018,1:77-80.

[71] 石磊,琚选择,张飞,等.水下阀门研制及工程应用[J].阀门,2019,1:24-27.

[72] 何涛,戴万祥,马玉山,等.阀座表面镍基自熔性合金涂层硬度及耐蚀性能研究 [J].中国金属通报,2020,10：143-146.

[73] 刘少波,闫嘉钰,马玉山,等.水下阀门总成深海高压舱模拟测试装置的设计及应用[J].中国机械,2020,17：10-14.

[74] 周礼,段梦兰,张康,等.深水刚性跨接管安装操控作业及风险研究[J].石油矿场机械,2015,44(10)：6-10.

[75] 彭飞,段梦兰,范嘉堃,等.深水连接器锁紧机构双重密封设计研究[J].机械设计与制造,2014(4)：7-10.

[76] 彭飞,段梦兰,范嘉堃,等.深水连接器锁紧机构的设计及仿真[J].机械设计与制造,2014(1)：37-39.

[77] 任必为,赵宏林,洪毅,等.基于AMESim的深水连接器驱动环液压缸同步仿真 [J].石油机械,2012,40(10)：49-53.

[78] 董衍辉,段梦兰,王金龙,等.深水水下连接器的对比与选择[J].石油矿场机械, 2012,41(4)：6-12.

[79] Wang J L, Duan M L, Dong Y H, et al. Design of the metal gasket of subsea connector for manifolds[J]. Applied Mechanics and Materials, 2012, 184: 140-145.

[80] 周游,段梦兰,郭宏,等.深水水平套筒式连接器定位安装技术[J].石油矿场机械,2013,42(9)：18-22.

[81] 王立权,董金波,刘军,等.深水管道法兰连接机具的设计与试验研究[J].哈尔滨工程大学学报,2013,34(9)：1165-1170.

[82] Zhang K, Duan M L, Luo X L, et al. A fuzzy risk matrix method and its application to the installation operation of subsea collet connector[J]. Journal of Loss Prevention in the Process Industries, 2017, 45: 147-159.

[83] Pan Y Z, Ma Y G, Huang S F, et al. A new model for volume fraction measurements of horizontal high-pressure wet gas flow using gamma-based techniques [J]. Experimental Thermal and Fluid Science, 2018 (96): 311-320.

[84] 张理.水下生产系统单井计量方案研究[J].中国造船,2009,50(增刊)：403-406.

[85] 洪毅,毕晓星.多相流量计的研究及应用[J].中国海上油气(工程),2003,15(4)：16-20.

[86] 吕宇玲,何利民.多相流计量技术综述[J].天然气与石油,2004,22(4)：52-54.

[87] 多相流测试技术现状及趋势[J]//多相流检测技术进展——第五届全国多相流检测技术会议论文集.北京：石油工业出版社,1996.

［88］ 邓湘.基于层析成像技术的智能化两相流测量系统研究［D］.天津：天津大学，2001.

［89］ 金英.多相流计量研究的现状［J］.国外油田工程，1997，（13）6：39-42.

［90］ 尹丰.水下井口计量方案研究［J］.自动化应用，2013（6）：1-2.

［91］ 刘太元，郭宏，郑利军，等.水下多相流量计在深水油气田开发工程中的应用研究［J］.中国工程科学，2012，11（14）：69-74.

［92］ 张汝彬.水下湿气流量计计量技术发展浅谈［J］.自动化仪表，2018，39（10）：70-73.

［93］ 李轶.多相流测量技术在海洋油气开采中的应用与前景［J］.清华大学学报（自然科学版），2014，54（1）：88-96.

［94］ 毛志豪，尹丰，孙钦，等.国产水下多相流量计高压舱测试技术［J］.石油工程建设，2020（1）：78-81.

［95］ 杨鼎源.海上油气生产系统展望［J］.海洋石油，1998（3）：32-39.

［96］ 陈家庆.海洋油气开发中的水下生产系统（一）［J］.石油机械，2007，35（5）：54-58.

［97］ 李长春，连琏.水下生产系统在海洋石油开发中的应用［J］.海洋工程，1995（4）：25-29.

［98］ 周美珍，张维庆，程寒生.水下生产控制系统的比较与选择［J］.中国海洋石油平台，2007，22（3）：47-50.

［99］ Michael Stavropoulos, Barry Shepheard, Mark Dixon, et al. Subsea electrical power generation for localised subsea applications［C］. Houston：Offshore Technology Conference，2003.

［100］ 王懿，段梦兰，焦晓楠.深水油气开发装备发展现状及展望［J］.石油机械，2013，41（10）：51-55.

［101］ 郭宏，屈衍，李博，等.国内外脐带缆技术研究现状及在我国的应用展望［J］.中国海上油气，2012，24（1）：74-78.

［102］ Chien C H，Bucknall R W G．Harmonic calculations of proximity effect on impedance characteristics in subsea power transmission cables［J］．IEEE Transactions on Power Delivery，2009，24（4）：2150-2158.

［103］ Steinar Midttveit，Michael Alford，Edouard Thibaut，et al．Subsea electrical power standardization［C］//PCIC Europe，2013 Conference Record．IEEE，2013.

［104］ Terence Hazel，Henri Baerd，Jarle J．et al．Subsea high-voltage power distribution［J］．IEEE PCIC，2011.

［105］ 郑相周，唐国元，罗红汉.深水液压系统压力补偿器的分析与设计［J］.液压与气

动,2014(7):96-98.

[106] 周建龙,李晓刚,程学群,等.深海环境下金属及合金材料腐蚀研究进展[J].腐蚀科学与防护技术,2010,22(1):47-51.

[107] Jin-seok Oh, Se-Ra Kang. Merits of all-electric subsea production control system[J]. Journal of the Korean Society of Marine Engineering, 2014, 38 (2):162-168.

[108] 邱盼,段梦兰,郭中云,等.水下油气生产系统集成测试技术研究[J].石油矿场机械,2015,44(5):31-35.

[109] 梁稷,姚宝恒,曲有杰,等.水下生产系统测试技术综述[J].中国测试,2012,38 (1):38-40.

[110] 苏锋,陈斌,张凡,等.水下油气生产系统水下测试设施研究[J].中国测试,2015,41(7):6-9,15.

[111] 陈斌,苏锋,周凯,等.水下生产系统测试技术研究[J].海洋工程装备与技术,2014,1(2):146-150.

[112] 阳建军,冒家友,原庆东,等.水下管汇清管测试[J].清洗世界,2013,29(6):12-15.

[113] 郭兴伟,宗蕾,张宪阵,等.水下管汇工厂验收测试技术研究[J].中国造船,2012,53(S2):147-152.

[114] 于芳芳,段梦兰,郭宏,等.深水管汇设计方法及其在荔湾3-1气田中的应用[J].石油矿场机械,2012,41(1):24-29.

[115] 程寒生,黄会娣,周美珍,等.深水水下管汇设计研究[J].石油机械,2011,39 (5):9-11,95.

[116] 李志刚,安维峥.我国水下油气生产系统装备工程技术进展与展望[J].中国海上油气,2020,32(2):134-141.

[117] 赵晓磊,储乐平,肖易萍,等.水下生产设施在线管汇工厂接收测试技术研究[J].中国海洋平台,2015,30(2):10-14.